GUIZHOU SHANQU ROUNIU
JIANKANG YANGZHI JISHU

贵州山区肉牛
健康养殖技术

徐龙鑫　王　鑫　编著
（贵州省农业科学院畜牧兽医研究所）

中国农业科学技术出版社

图书在版编目（CIP）数据

贵州山区肉牛健康养殖技术 / 徐龙鑫，王鑫编著 . 北京 : 中国农业科学技术出版社，2025. 6. -- ISBN 978-7-5116-7369-5

Ⅰ. S823.9

中国国家版本馆 CIP 数据核字第 2025CT6113 号

责任编辑 张国锋
责任校对 李向荣
责任印制 姜义伟 王思文

出 版 者 中国农业科学技术出版社
北京市中关村南大街 12 号 邮编：100081
电 话 （010）82109705（编辑室）（010）82106624（发行部）
（010）82109709（读者服务部）
网 址 https://castp.caas.cn
经 销 者 各地新华书店
印 刷 者 北京建宏印刷有限公司
开 本 170 mm × 240 mm 1/16
印 张 17.5
字 数 300 千字
版 次 2025 年 6 月第 1 版 2025 年 6 月第 1 次印刷
定 价 58.00 元

前　言

Preface

畜牧业作为传统农业的重要组成部分，承载着无数农民的生活希望与致富梦想。健康养殖是现代畜牧业发展的必然趋势，它强调在保障动物福利的同时，通过科学饲养管理、疾病防控、环境控制等手段，提高肉牛的生产性能和产品质量。近年来，随着国家对农业现代化的高度重视和乡村振兴战略的深入实施，贵州山区的肉牛养殖业迎来了前所未有的发展机遇。然而，面对复杂多变的山地环境、有限的资源条件以及市场对高品质牛肉产品的需求增加，如何实现肉牛的健康养殖，提高生产效率与产品质量，成为摆在贵州山区畜牧业面前的一大挑战。贵州山区地形复杂，气候多变，既有得天独厚的自然资源，如丰富的牧草种类、清洁的水源和适宜的气候条件，但也面临着交通不便、饲料资源分散、疾病防控难度大等现实问题。本书开篇即深入分析贵州山区肉牛养殖的现状及存在的问题，帮助读者理解在这一特定环境下开展健康养殖所面临的特殊挑战与机遇。

本书系统介绍了健康养殖的基本理念，并围绕品种选择、营养与饲料、饲养管理、繁殖技术、育肥技术、疾病防控、环境控制等关键环节，详细阐述了适用于贵州山区的肉牛健康养殖技术体系，旨在汇聚国内外肉牛养殖领域的最新研究成果与实践经验，结合贵州山区的实际情况，为广大肉牛养殖户、技术人员及相关从业者提供一套科学、实用、易操作的健康养殖指南。它不仅是一部技术手册，更是一座连接理论与实践、传统与现代、山区与市场的桥梁，力求为推动贵州山区肉牛养殖业的可持续发展贡献力量。

理论结合实践，是本书的一大特色。书中精选了多个贵州山区肉牛养殖的成功案例，从养殖模式、技术创新、市场开拓等不同角度，展示了养殖户如何通过科学养殖实现增收致富。同时，提供了详细的操作指南和常见问题解答，帮助读者在遇到实际问题时能够迅速找到解决方案，增强养殖信心。随着科技的进步和市场的变化，贵州山区肉牛养殖业正面临着前所未有的发展机遇。本书在总结现有技术与经验的基础上，也对未来发展趋势进行了展望，鼓励读者不断学习新知识、新技术，积极参与产业交流与合作，共同推动贵州山区肉牛养殖业的转型升级与高质量发展。

需要特别说明的是，由于养殖情况和肉牛个体差异，以及药物批次、名称、用法用量等差异，本书中涉及的肉牛疾病预防和治疗所用药物及其剂量等，仅供读者参考，实际养殖中应根据专业兽医的指导进行治疗，不可照搬使用，以免出现毒副作用。由于时间仓促、编者水平以及掌握的资料内容有限，书中内容难免存在不足与纰漏，恳请广大读者批评指正。

编者

2025 年 3 月

目录

Contents

01 第一章 绪论

第一节 贵州肉牛产业发展现状……01

第二节 贵州肉牛产业发展对策建议……08

11 第二章 肉牛养殖品种与杂交改良

第一节 本地品种……11

第二节 主要引进品种……23

第三节 主要养殖杂交品种……31

34 第三章 肉牛的生物学特点

第一节 牛消化器官及其特征……34

第二节 牛的瘤胃消化……36

第三节 影响牛瘤胃消化的因素……37

40 第四章 肉牛养殖场建设技术

第一节 家庭牧场……40

第二节 中小型养殖场……43

第三节 大型养殖场……46

54 第五章 粪污处理与环境保护

第一节 肉牛养殖场粪污处理原则……54
第二节 家庭牧场粪污处理……56
第三节 中小型养殖场……57
第四节 大型养殖场……60

66 第六章 肉牛饲养管理技术

第一节 养殖环境管理……66
第二节 犊牛饲养管理技术……68
第三节 母牛的养殖管理技术……71
第四节 种公牛饲养管理技术……75

78 第七章 肉牛育肥技术

第一节 放养结合育肥技术……78
第二节 直线育肥技术……83
第三节 架子牛育肥……86
第四节 高档肉牛育肥……89

91 第八章 遗传与繁育技术

第一节 肉牛遗传改良计划……91
第二节 杂交改良技术……96
第三节 肉牛的繁殖……111

140 第九章 营养需要和饲养标准

第一节 肉牛的营养需要……140
第二节 肉牛的饲养标准……149

156 第十章 常规饲料配合及其加工调制技术
第一节 肉牛日粮配合……156
第二节 粗饲料及其加工调制……160
第三节 青绿饲料及其加工调制……164
第四节 青贮饲料及其加工调制……167
第五节 能量饲料及其加工调制……173
第六节 蛋白质饲料及其加工调制……176
第七节 矿物质饲料……180
第八节 饲料添加剂……184
第九节 肉牛精料补充料使用技术……188
第十节 肉牛全混合日粮（TMR）技术……191

195 第十一章 贵州特色饲料与加工利用
第一节 贵州主要农作物及副产物饲料化利用……195
第二节 贵州肉牛养殖常用饲草概述……199
第三节 贵州特色饲草料优势……206
第四节 贵州饲草种植技术……214

224 第十二章 肉牛疾病防治技术
第一节 肉牛养殖防疫技术……224
第二节 贵州肉牛常见疾病的防治……240

252 第十三章 肉牛养殖产业化与经营管理
第一节 贵州肉牛产业发展概况……252
第二节 肉牛养殖经营管理……257

参考文献……270

第一章 绪 论

第一节 贵州肉牛产业发展现状

随着我国人民生活水平的提高，牛肉需求量显著增加，肉牛产业得到了快速发展。近年来国家加大农业产业结构调整，《国家“十三五”草牧业发展规划（纲要）》《全国草食畜牧业发展规划（2016—2020年）》和《全国节粮型畜牧业发展规划（2011—2020年）》等重要文件提出，要大力发展节粮型、食草型动物，推进牛羊肉生产，挖掘饲草料资源潜力，推进粮改饲试点，做好草牧业这篇文章。各地也加快了农业供给侧结构性改革，大力发展优质、环保、安全的畜禽产品，突出地方特色产业的发展。许多地方把肉牛养殖作为发展现代农业的支柱产业，以加速农村产业结构优化调整，促进农业增效和农民增收。近年来，在贵州省委、省政府的高度重视和高位推动下，全省肉牛产业发展迅速，产业规模不断壮大，产业链条不断延伸，标准化水平不断提高、集聚效应不断增强，品牌影响不断提升，带农增收助推脱贫成效显著。

一、贵州肉牛产业政策支持及发展现状

（一）政策支持

近年来，贵州省委、省政府高度重视肉牛产业发展，将其作为全省农业特色优势产业和一二三产融合发展的重要抓手，出台了一系列政策措施强力推进全省肉牛产业高质量发展。2019 年出台《省委省政府领导领衔推进农村产业革命工作制度》，明确生态畜牧业作为全省深入推进农村产业革命的 12 大产业之一，由省委常委、省委秘书长领衔推进。同时出台《贵州省农村产业革命牛产业发展推进方案（2019—2021）》《贵州肉牛产业“六个重点”实施方案》，明确今后 3 年肉牛产业高质量发展方向。2020 年省委、省政府再次做出调整，将牛羊产业单列为全省纵深推进农村产业革命的 12 大产业之一，继续由省委常委、省委秘书长领衔推进，连续 2 年从财政列支 1 亿元支持产业发展。2021 年贵州省农业农村厅、贵州省财政厅印发了《贵州省 2021 年肉牛肉羊增量提质行动计划项目实施方案》，力争到 2025 年项目县牛羊肉产量增幅达到 8% 以上、牛羊规模养殖水平提高 10 个百分点以上，供给保障能力进一步加强。以上政策措施的出台为贵州肉牛产业化发展指明了方向、明晰了路径、增添了动力，肉牛产业发展的政策环境正处于历史最好时期，迎来了千载难逢的发展机遇。

（二）发展现状

1. 存栏、出栏量

近年来全省牛存栏、出栏和牛肉产量的变化趋势与全国相吻合，牛出栏量和牛肉产量逐年增加，存栏量则呈先升后降起伏变化态势，贵州近五年肉牛养殖产业及排位情况见图 1-1。数据显示，2019 年全省肉牛存栏量 492.9 万头，牛出栏 168.6 万头，牛肉产量 21.5 万吨，分别位居全国第 6 位、第 12 位、第 12 位。2020 年全省肉牛存栏 517.7 万头，牛出栏 176.1 万头，牛肉产量 23.1 万头，分别位居全国第 7 位、第 13 位、第 12 位。2021 年全省牛存栏 479.4 万头，牛出栏 180.1 万头，牛肉产量 23.6 万 t，分别位居全国第 9 位、第 13 位、第 12 位。2022 年，全省牛存栏 492.2 万头、出栏

173.9 万头、牛肉产量 22.8 万 t，分别位居全国第 9 位、第 14 位、第 12 位。2023 年末，全省牛存栏 503.6 万头，出栏 167.8 万头，牛肉产量 22.2 万 t，分别位居全国第 9 位、第 14 位、第 12 位。2023 年县级地区肉牛养殖存栏量最大的是威宁县，存栏量为 40.61 万头；其次是关岭县，存栏量为 16.36 万头；第三位是凤冈县，存栏量为 16.20 万头。

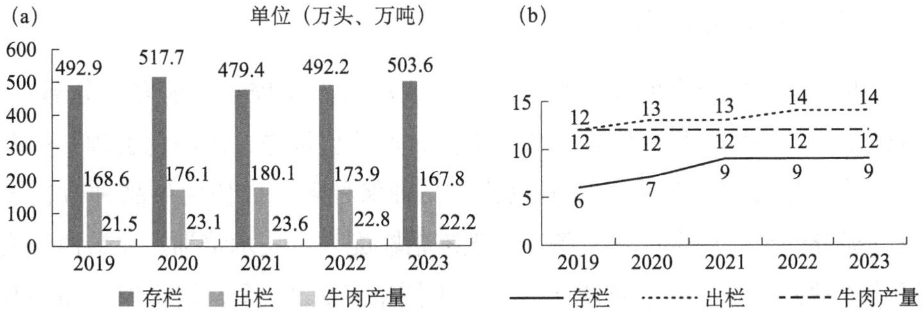

a：贵州近五年肉牛产业养殖情况　　b：贵州近五年肉牛养殖在国内排位

图 1-1 贵州近五年肉牛养殖产业及排位情况

2. 饲草料资源

根据全国国土调查数据，2020 年贵州草地面积 282.45 万亩，其中天然草地 18.09 万亩，人工草地 1.89 万亩，其他草地 262.47 万亩；3 000 亩以上集中连片草地 100 个，共 72.35 万亩；1 000 ～ 3 000 亩集中连片草地 272 个，共 43.76 万亩。贵州雨量充沛、气候温和（全年平均气温 10～15℃），无霜期长达 200 余天，适合大多数牧草生长，可实现全年放牧，牧草生长期一般在 10 个月，再生草产量几乎可达 100%，人工草地每年刈割 3～5 次，每年每亩[①] 可产鲜草 2 500 kg，是天然草地的 5 倍，有巨大的发展潜力，适应贵州草地生态畜牧业高质量发展需求。牧草生物多样性丰富，饲用植物资源数量 1 800 余种，位居全国第 3 位。优良牧草 200 余种，白三叶、苜蓿、鸭茅等主要栽培优质牧草在贵州都有野生种群分布。全省草山草坡多，农作物主产水稻、玉米、大豆、小麦、油菜、薯

① 注：1 亩 =667 m^2，全书同。

类、花生等，可供饲用的农副产品丰富，年产农作物秸秆等 1 238 万 t，其中可收集秸秆量约 995 万 t，综合利用量约 880 万 t，此外还有中药材渣、果渣、刺梨渣等工业副产物特色饲料资源可利用。贵州是中国酱酒的原产地和主产区，规模以上白酒企业年产酒糟 250 万 t 以上，为肉牛养殖提供了丰富的饲草料资源。

（三）良繁体系建设

近年来，贵州省农业农村厅组织省农科院、高校联合地方业务部门、养殖企业，坚持“品种优先、科技支撑、产业化推进、品牌化引领”的发展思路，建设省种公牛站、本地黄牛品种保种场，加快肉牛品种改良步伐，提升肉牛改良点设施设备，加强冻精输配人员技术培训。在黔西建成运营省种公牛站；在全省建立肉牛人工授精点 2 205 个，培育肉牛品种改良输精员 2 037 人。

（四）省种公牛站建设

2021 年，贵州省农业科学院畜牧兽医研究所建设完成贵州省唯一的省种公牛站（图 1-2），通过全国肉牛遗传资源委员会专家验收和农业农村部备案登记（站号“522”），具备合法生产推广资质，打破贵州省肉牛产业

图 1-2　贵州省种公牛站

种源完全依靠省外供给的被动局面。“省种公牛站”现存栏优质种公牛60头，年生产冻精120万剂，引进性控冻精生产设备，年生产性控冻精10万剂。采用“产业专班＋产业体系＋科技创新团队＋科技特派员＋基层农技人员”五级联动推广模式，已经在全省20多个县（市、区）推广肉牛冻精200余万剂，为贵州肉牛产业发展提供“源头”保障，特别是性控冻精推广应用，为加快实现贵州肉牛基础母牛群体扩群增量目标、缩短肉牛新品种选育进程提供了坚实支撑。

（五）种质资源保护

2022年，贵州省农业科学院畜牧兽医研究所按照全国第三次畜禽遗传资源普查要求，完成了全省牛遗传资源普查、生产性能测定及分子遗传评估工作，构建了7个贵州牛品种（含2个水牛品种）种群分布图谱，开展了贵州5个地方黄牛肉质检测及优势性状基因挖掘，摸清了全省肉牛遗传资源家底，对其特征特性和生产性能进行了科学评估。收集保护了一批珍贵稀有濒危资源，制作保存遗传材料，对贵州白水牛等濒危品种实施抢救性保护，参与编制的《贵州白水牛保护方案》，通过农业农村部评估并实施。促成了贵州白水牛、务川黑牛、思南牛等地方牛保种场的建立，为后续地方牛品种资源的开发利用奠定了基础。

（六）发展模式

1.“龙头企业＋合作社＋农户”模式

组建“村社合一”的农民专业合作社，龙头企业与合作社签订承接协议，龙头企业向合作社提供受孕母牛，由合作社组织农户养殖受孕母牛，母牛产下的犊牛按企业标准养至规定体重由龙头企业回购。该模式通过公司与合作社合作，可以借用当地合作社的基础实力和人脉资源，迅速启动发展。对于养殖户来说固定资产投资相对较少，整体养殖规模易滚动扩大。最大的好处是能带动农民致富，对未来的发展转型很有帮助。不过这种养殖模式需要大量的资金运作，只有实力雄厚或融资能力强的公司才能做到，且运作复杂困难，资金链风险大，受农户信誉度的影响很大。

2.“龙头企业 + 农户”模式

龙头企业直接带动农户参与肉牛养殖，龙头企业提供育肥牛、母牛交由农户饲养，最后龙头企业统一回购；龙头企业组织农户种植牧草，统一收购。该模式投资风险低于“龙头企业 + 合作社 + 农户”模式，适用于养殖业刚起步的地区，农户投入小，销售渠道比个体养殖户更加稳定牢固。不足之处是公司跟农户是短期买卖关系，作为订单生产很难保证产品准时交货，产品质量也难以保证。

3.“合作社 + 农户”模式

合作社与农户建立利益联结，农户通过入股分红、饲养母牛等方式参与肉牛养殖，获得收益。其优点是可组织养殖户进入市场，避免了一家一户生产经营的盲目性，有利于促进现代农牧业建设、促进农民增收、提高综合生产能力、完善经营形式；同时土地得以集中连片规模经营，形成科研、生产、加工、销售一体化的经营模式；建立标准化生产基地，实施规模经营，发展特色产品生产，打造特色农产品品牌。缺陷是该模式可能引发投机行为，合作社产权不明晰、财务制度和利益分配制度不健全，甚至出现“政社不分”“企社不分”问题。此外还面临市场风险问题，资金短缺，抗风险能力较弱。

二、存在的主要问题

（一）发展肉牛产业积极性不高

近年来虽然贵州肉牛产业在政策扶持及市场需求导向下发展迅速，但肉牛养殖周期长，投入成本高，资金回笼慢，在贵州农村许多地区尚为小规模饲养，管理差，短期效益不明显，所以一些地区农户养殖肉牛的积极性不高。相较于投入较少的家禽养殖或近年来回报较高的生猪养殖，牛肉价格较稳定且逐年上涨的优势不明显，肉牛养殖没有引起足够的重视。尽管政府出台了相应的扶持政策，但此类问题仍是制约贵州省肉牛产业化快速发展的重要因素。

（二）良种化程度不高

贵州肉牛产业整体呈现出“小规模、大群体”发展形势，主要以农户散养（年出栏 1～9 头）为主，出栏比重占全省总量的 65% 以上。同时，形成了以关岭、威宁、思南、播州等 39 个存栏 5 万头以上肉牛养殖大县（区）为支撑（饲养量约占全省 76%）的空间布局；作为主要养殖主体的家庭农场和散养户，大部分仍停留在传统养殖阶段，饲养管理粗放，饲养的规模化、科学化、标准化、机械化程度低，存在管理落后、成本高、随意性大等问题。牛群繁殖除规模化养殖企业外多以本交为主，自繁自养，长期近交形成了品种个体小、生长慢的缺点。同时由于 20 世纪 90 年代大量引入西门塔尔等外系品种进行杂交，本地黄牛资源没有得到有计划地保护，纯种群数量减少，本地品种选育工作相对滞后。近年来在加大地方畜禽品种资源保护政策指导下进行保种选育，由于历史和现实的因素限制，良种化程度仍不高。

（三）基础母牛存栏量下降

受利益的驱使，养殖户更倾向于饲养公牛进行育肥，而养殖周期较长的母牛在市场的导向下饲养数量减少，导致本地繁育母牛数量锐减。如何增加基础母牛的存栏量成为贵州肉牛产业化发展的一大难题。全省能繁母牛约 205 万头，占存栏总数的 40.7%，比全国平均水平低 6.8 个百分点。如铜仁市存栏牛 81.77 万头，能繁母牛仅 24.28 万头，年可提供牛犊 15.57 万头，有 52% 架子牛要从外省调入。

（四）饲养管理水平低

贵州肉牛产业化发展起步晚，加上特殊的喀斯特地貌限制了饲养规模，多为“小规模、大群体”的饲养模式，而小规模养殖多数存在着投入少、管理粗放等现象，以草山草坡放养为主要生产方式，主要依靠坡地牧草辅以玉米秸秆等粗饲料进行饲喂，甚至有的养殖户未对牛进行精料补饲。低营养状态、圈舍卫生环境不达标、粪污处理不及时等不利因素致使牛产出效益低，进而影响农户饲喂意愿，影响产业化发展。

第二节 贵州肉牛产业发展对策建议

一、科技引导提质增效

明确以科技引领全省肉牛产业化发展，在人才、技术两方面继续加大投入。人才方面：政府从政策、资金、相关项目投入等方面支持养殖从业科研人员，打造高素质高学历肉牛产业队伍，引进全国各地的专业人才队伍加入贵州肉牛产业建设中，提升从业人员整体素质，以人才促发展。技术方面：注重地方品种保护与优势杂交品种改良并行，加大对贵州肉牛品种选育改良、高效饲喂管理技术研发的支持力度，加强科研人员与生产一线的联系，形成一支具有丰富生产实践经验的科研团队，指导全省肉牛生产工作。根据市场需求，规模化、规范化饲养符合消费者需求的肉牛品种，在日粮配方、母牛繁殖效率、犊牛成活率、架子牛育肥技术等方面加强科技创新，提高科研成果转化率，致力于提升贵州肉牛养殖的良种率、母牛的繁殖率、犊牛的成活率、育肥的高效性，降低整个饲养周期的成本，减少疫病感染造成的损失，提高肉牛养殖经济效益。

二、提升良种种群质量

推进省种公牛站优化升级，实现优质种源自主可控。建立“省级统筹＋县市区行业主管部门配合＋省公牛站按需生产”的优质冻精直推输配技术体系，提高省种公牛站肉牛冻精推广转化效率，有计划、有步骤地开展优质种公牛选育，提高肉牛核心种源自给率；利用超数排卵、胚胎移植等育种技术，加快推进良种扩繁工作进程。加大地方肉牛种质资源挖掘与创新利用，提升地方肉牛育种水平。利用西门塔尔、安格斯及和牛等国外品种开展杂交选育，系统开展肉牛品种（系）登记、系谱档案建立、体型外貌鉴定、生产性能测定、遗传评估，杂交配合力测定等基础工作，健全肉牛新品种（系）遗传繁育体系。强化省市县乡村品种改良体系建设，依托贵州省种公牛站建立的冻精生产实验室（图 1-3）生产优质冻精，加强优质种源推广应用。健全完善省市县乡村五级冻精运输、储藏等关键环节设施设备，建立冻精输配管理跟踪制度。强化输精员人才队伍建设，充分发挥现有人工授精点作用，通过培训、导师培育等方式壮大输配人员队伍。为满足贵州省肉牛“扩群增量”需求，建立性控精液生产实验室（图 1-4），开展性控冻精生产，促进良种化进程。

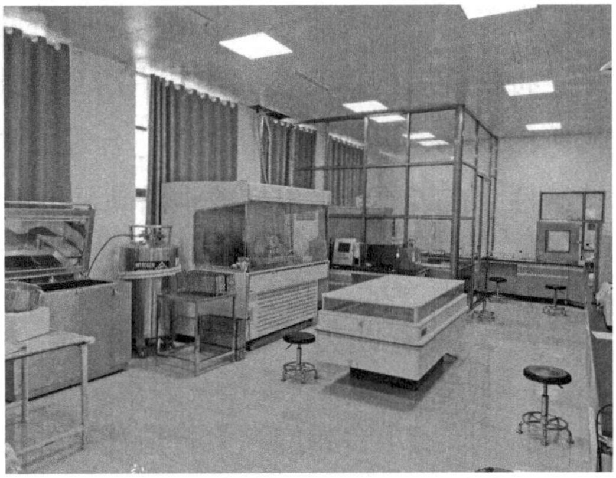

图 1-3　冻精生产实验室

图 1-4　性控精液生产实验室

三、标准优化牛群结构

制定和完善肉牛养殖地方标准，建立完善养殖行业制度，规范养殖经营模式。从饲养管理到市场销售的系列标准制定有助于改善贵州肉牛产业模式，从调整产业整体基调着手，对肉牛全产业进行指导，解决从业人员面临的诸多难题。牛群整体结构在规模养殖中至关重要，品质优良、比例合理的牛群结构能保证养殖场持续健康发展。为应对基础母牛存栏数下降、良种化程度低等严峻问题，优化牛群结构是一种行之有效的科学手段：在养殖中应淘汰多次返情母牛、老弱病残牛；及时更换无法使用的种牛，将牛群结构控制在能繁母牛占全群比例的40%～45%，后备牛占全群比例的10%，出栏率达到25%。合理的牛群结构能保证牛群健康发展的可持续性，在当前肉牛出栏数难以满足市场需求的情况下显得更加重要。

四、融资助力产业发展

地方政府出台相应政策打造优越的投资环境，引入外地资金促进全省肉牛产业的发展。同时促进地方企业、高校、科研机构等部门机构充分利用肉牛养殖资金项目提升养殖标准化程度，改造现有基础设施，将肉牛产业提质增效。引入先进企业，扶持当地优秀企业，以“龙头企业＋合作社＋养殖户”等生产形式切实推动贵州省肉牛养殖，让农户有钱赚，企业有效益，提高全省肉牛各产业端的生产积极性，加快推动全省肉牛产业化进程。

贵州发展肉牛产业具备诸多优势条件和政策支持，并已有一定规模和基础，要在现有的养殖水平上科学提升饲养技术和管理水平，加大科技成果推广力度，延长肉牛产业链，促进肉牛产业化发展。总体发展思路为：充分利用贵州地方肉牛品种资源，加大品种改良和冻精生产推广力度；以肉牛养殖场和养殖大户为基础，加大科技和资金投入，抓培训促推广，实施草畜配套、品种改良等关键措施，提高肉牛养殖水平，促进绿色、生态、高效发展。

第二章 肉牛养殖品种与杂交改良

贵州现有关岭牛、思南牛、威宁牛、务川黑牛、黎平牛 5 个地方黄牛品种。经过长期的品种改良，目前全省肉牛养殖以杂交品种为主，存栏量占全省的 77.15%，地方品种占 20.15%，引进品种占 2.7%。贵州肉牛养殖品种结构见图 2-1。

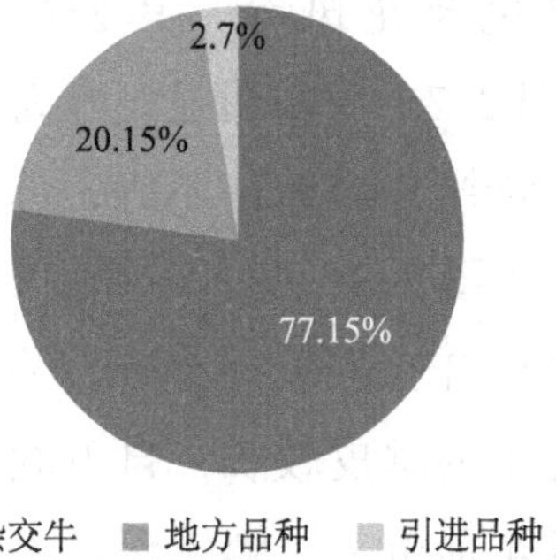

图 2-1 贵州省肉牛养殖品种结构

第一节 本地品种

一、关岭牛

（一）品种背景

关岭牛，又称关岭黄牛或盘江牛，是中国国家级重点保护的 78 个地方畜禽品种之一，更是贵州五大黄牛之首。其独特的肉质品质和丰富的历史背景，使关岭牛在国内外享有盛誉。2016 年，关岭牛成功注册国家地理标志证明商标，并获得农产品地理标志登记证书。如今，关岭牛不仅是贵州的骄傲，也是全国乃至全球知名的优质肉牛品种。2021 年，“关岭牛”品牌产品在第 106 届美国巴拿马太平洋万国博览会上荣获金奖，也是全国唯一获得巴拿马金奖的牛品牌。关岭牛的养殖历史悠久，可追溯至唐开元年间（713—741），当时就被列为朝廷进贡的上等“菜牛”。在新中国成立初期，关岭牛还曾作为地方良种入京参展，在 1982 年纳入《中国畜禽品种志》。

（二）品种特征

关岭牛体型健壮，毛色以黄色居多，也有褐色、黑色及花斑等。其公牛（图 2-2）肩峰明显，峰高于背线 8～15 cm 不等，母牛（图 2-3）肩峰一般仅略高出于背线 2～3 cm。关岭牛的垂皮较长，自下颌延至前胸部，胸较深而略窄，尻部倾斜。尾根较高，尾细长，尾帚过飞节。前肢正直，后肢飞节多内靠，四肢关节筋腱明显，蹄质致密坚固。此外，关岭母牛的乳房较小，乳头细短，皮薄而致密，这些特征都体现了其优良的品种性能。

图 2-2　关岭牛 - 公牛

图 2-3　关岭牛 - 母牛

（三）品种性能

关岭牛不仅体型健壮，而且具有较好的挽力和持久力，能水旱兼作，尤其适应陡坡梯田的耕作和劳役。同时，关岭牛还具有较高的繁殖率、屠宰率和出肉率，其屠宰率达到 58%，净肉率达到 50%，均高于其他牛种。这些优异的性能使得关岭牛在市场上具有很高的竞争力。关岭牛肉质鲜嫩，口感不输日本、澳大利亚和牛。其肌肉中蛋白质含量高达 23.93%，高于其他地方品种牛 2 个百分点左右；而脂肪含量仅为 3.64%，低于其他地方品种牛。此外，关岭牛肉中还富含硬脂酸和油酸等不饱和脂肪酸，可有效降低心血管疾病的发生。每 100 g 鲜肉中谷氨酸、天冬氨酸和赖氨酸三种氨基酸含量也较高，分别达到 169.7 mg、77.6 mg、88.5 mg，均高于其他地方品种牛肉 2 mg。这些特点使得关岭牛肉具有浓郁的地方风味和独特的口感。

（四）产区环境

关岭牛中心产区为贵州西南部关岭布依族苗族自治县，位于黔西南高原中山区至黔中丘原的过渡地带。关岭牛主要分布于黔中丘原区的镇宁、紫云、六枝、西秀、普定、织金、平坝和清镇，黔西南高原中山区的水城、盘州市、普安和晴隆，黔南山区中底峡谷盆坝区的兴仁、贞丰、兴义、安龙、册亨和望谟。目前关岭牛群体数量约 14 万头。

（五）产业发展

近年来，关岭布依族苗族自治县紧紧抓住被列为全省肉牛产业重点支持县的契机，将关岭牛产业作为“一县一业”和“来一场振兴农村经济的深刻产业革命”的重要抓手。通过“公司 + 合作社 + 农户”的发展模式，围绕种、养、加、销全过程打造关岭牛一二三产融合发展全产业链。目前县境内关岭牛存栏数量稳定且持续增长，为当地农民提供了稳定的收入来源和就业机会。

综上所述，关岭牛以其悠久的历史背景、独特的品种特征、优异的品种性能以及鲜美的产品特点而闻名遐迩。在未来随着产业的不断发展和完善相信关岭牛将会为更多人所熟知和喜爱。

二、思南牛

（一）品种背景

思南牛，又名思南黄牛，作为贵州省铜仁市思南县的特产，不仅享有“全国农产品地理标志”的荣誉，还以其独特的品种特征和优良的品质在市场上广受好评。思南黄牛具有体躯短而粗，繁殖性能强，挽力大，耐力强，产肉多等特点，是黄牛中的优质品种，思南的几个市场从明嘉靖年间起，每年有上千头黄牛进入市场交易，“思南黄牛”之名正式在史料中记载。1982 年，贵州的思南牛、湖北的恩施牛、湖南的湘西牛归并为“巫娄黄牛”，收录于《中国畜禽品种志》，2011 年共同取名为巫陵牛被收录于《中国畜禽遗传资源志 · 牛志》，2010 年，思南牛获国家市场监督管理总局“地理标志证明商标”，2019 年获农业农村部农产品地理标志；2018 年思南牛被收录于《贵州地方畜禽遗传资源志》，2023 年收录于《贵州地方畜禽遗传资源保护名录》。

（二）品种特征

思南黄牛个头中等，头长适中，体躯粗短，胸较宽，结构紧凑，四肢细长。公牛（图 2-4）肩峰肥厚，高出背线显著；母牛（图 2-5）则肩峰不明显，头清秀，垂皮皱褶少。主要为“倒八字形”角，角色多样，包括黑、灰黑、乳白、乳黄等色。蹄形端正，黑蛇蹄为多，蹄质坚韧，蹄壳结实，耐磨耐湿，再生力强，适于攀爬。以黄色居多，黑色次之，其余为

图 2-4　思南牛 - 公牛

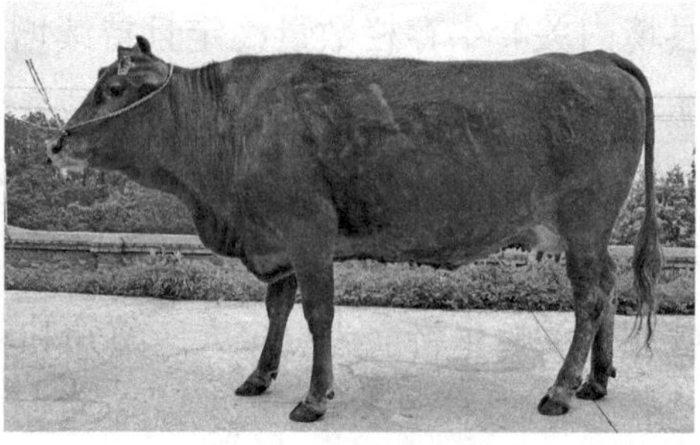

图 2-5　思南牛 - 母牛

棕、黑褐、草白等色。

（三）品种性能

思南牛骨骼生长发育较快，肌肉发育相对较慢。成年公牛和母牛的体高、体长、胸围等指标均达到较高水平，显示出良好的生长性能。思南牛性成熟较早，公牛一般在20月龄初配，母牛则在18月龄初配。母牛发情季节性不强，多以春秋两季交配繁殖为主，繁殖率较高。思南牛屠宰后肉色鲜红有光泽，脂肪呈淡黄色；肌肉外表微干、不粘手，富有弹性，肌间脂肪含量适中，脂肪颗粒明显。肉质细嫩多汁，肉汤清澈透明，味美醇香。冻鲜肉解冻后同样保持肉色鲜红、有光泽的特点，脂肪颗粒明显呈乳白色，肉质紧密有坚实感，韧性强，煮沸后汤清透且具有清香牛肉味。牛肉富含蛋白质（19.0%～24.0%），脂肪含量低（≤3.5%），水分适中（≤77%），是优质的膳食肉资源。

（四）产区环境

思南牛主产于贵州省思南县及其周边地区，这些地区地形复杂多样，以山地、丘陵为主，海拔落差大，气候温暖湿润，雨量充沛，为思南黄牛提供了得天独厚的生长环境。加之思南县草山草坡面积大，草原丰富，为思南牛的饲养提供了充足的饲草资源。目前思南牛群体数量约13万头，集中分布在贵州省铜仁市和遵义市，中心产区思南县存栏2万余头。

（五）产业发展

近年来，思南县围绕“思南黄牛”这一主导产业，积极推动黄牛产业发展壮大。通过政府引导、资源整合、科技助力、金融护航等举措，形成了“企业＋思南黄牛养殖基地＋合作社＋农户”的产业化服务体系。目前，思南县内肉牛养殖户众多，加工企业也逐渐增多，产品种类丰富多样，包括“土坝王”“思交杂牛肉干”等品牌产品，深受市场欢迎。

综上所述，思南黄牛以其独特的品种特征、优良的品质和丰富的营养价值在市场上占据重要地位。随着产业发展的不断推进和完善，相信思南黄牛将会为更多人所熟知和喜爱。

三、威宁牛

（一）品种背景

威宁牛又名威宁黄牛，属役肉兼用型黄牛地方品种，威宁县广大养殖农户有养殖威宁牛悠久的历史，是该品种存栏数量最多的地区之一。根据调查统计，2020 年威宁牛存栏 3.7 万头，公、母分别占 24.36% 和 75.64%。同时，由于纯种群主要分布在交通不便和经济发展滞后的地区，野交乱配、近亲繁殖、早配现象严重，导致品种退化，优良性状有灭失的危险。

（二）品种特征

威宁牛在体貌上具有以下特点：被毛颜色以黄色居多，黄褐色、黑色次之，头部特征包括头稍长而清秀，额平直，鼻镜宽，口方正。角短，角形不一，多为“萝卜角”或“鹰爪角”，这些特征使威宁黄牛在外观上具有独特的辨识度。颈短，垂皮不甚发达。公牛（图 2-6）肩峰较高，母牛（图 2-7）平直；胸深但宽度略显不足，背腰平直，腰部饱满，尻稍倾斜而略高。四肢较细但结实，前肢端正，后肢多狭蹄和前踏，蹄质坚硬。尾

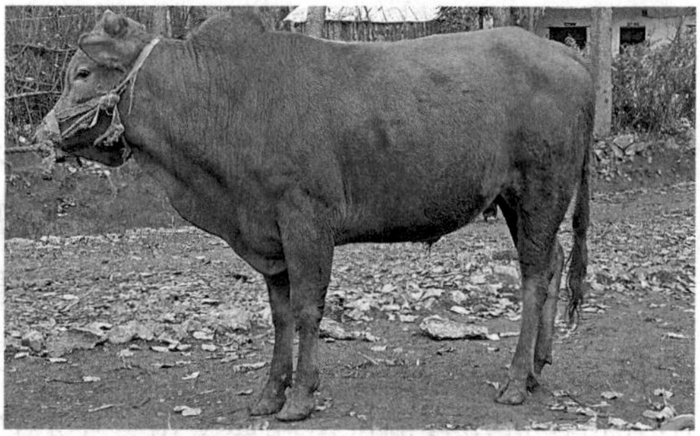

图 2-6　威宁牛 - 公牛

图 2-7　威宁牛 - 母牛

着生较高，长过飞节。

（三）品种性能

威宁黄牛还具有以下一系列优良的品种特性。耐寒耐粗饲，威宁黄牛能够适应高寒山区的气候条件，耐粗饲能力强，能够在艰苦的环境中生存和繁衍。矫健灵活，威宁黄牛行动敏捷，善于爬山越岭，在山区放牧中具有很高的灵活性。威宁黄牛体质强健，抗病能力较强，疾病发生率较低。如前所述，威宁黄牛的繁殖性能优异，能够保持较高的繁殖率和成活率，遗传性能稳定：威宁黄牛经过长期的自然选择和人工选育，其遗传性能稳定可靠，有利于品种的保存和推广。威宁黄牛在生产性能上表现出色：其性成熟较晚，母牛 3 岁开始配种，一般 3 年产 2 犊，成活率为 90% 以上。这种较高的繁殖率和成活率使得威宁黄牛在畜牧业中具有较大的发展潜力。成年公牛体高为 110.8 cm，母牛为 102.2 cm；公牛体重为 269.3 kg，母牛为 200.6 kg，这些数值反映了威宁黄牛在体型和体重上仍有改良潜力。在农村饲养条件下，威宁黄牛的平均屠宰率为 52.8%，净肉率为 44.6%，其肉质富含蛋白质、柔软而不油腻、口感好、易消化、营养价值高，是优质的膳食肉资源。

（四）产区环境

威宁牛是贵州西北部高寒山区独特的地方优良肉牛品种，中心产区在贵州省西部高寒山区的威宁县，主要分布在赫章、毕节、纳雍、大方、黔西和金沙等县（市）。该品种对当地的自然生态条件表现出良好的适应性，具有遗传性能稳定、适应性强、耐粗饲、抗病力强、性情温顺、适应性强和抗寒能力强等特点，从未发生过重大疫病流行。近年来，随着畜牧业的发展，威宁黄牛已成为当地重要的畜牧资源之一。1986 年被列入《贵州省畜禽品种志》和《贵州省畜禽遗传资源保护名录》，2009 年列入国家级遗传资源名录（农业农村部第 1 278 号公告）。

（五）产业发展

近年来，威宁自治县高度重视威宁黄牛种质资源的保护工作，取得了显著成效。当地农业农村部门已经建立了威宁黄牛保种区，并开展了分子选育技术研究攻关。同时，通过政策扶持和市场引导等措施，积极推动威宁黄牛产业的发展壮大。目前全县现存栏威宁黄牛约 1.8 万头，占全县肉牛存栏的 5% 左右，主要集中分布在以威宁百草坪为中心的多个乡镇区域。

威宁黄牛是一种具有显著地域特色和优良生产性能的黄牛品种。在未来的发展中，应继续加强种质资源保护、品种改良和产业化开发等工作，以推动威宁黄牛产业的持续健康发展。

四、务川黑牛

（一）品种背景

务川黑牛属役用兼肉用型黄牛，是在贵州独特的地理环境和山坡草地散养的饲养方式下，经过当地群众长期的自然选择和自群繁育而形成役用兼肉用小型黄牛品种，与关岭牛、思南牛、威宁牛、黎平牛并称贵州五大黄牛品种。产区养牛历史悠久，苗、汉、仡佬等各族劳动人民世代都有养牛的传统习惯，据《遵义地区畜牧资源与畜牧区划》记载和对数十位古稀老人的访问，在清朝末年就有务川黑牛繁衍。仡佬族、苗族等民族素有以牛为婚丧礼品、祭祖和食用牛肉的习惯，过节迎宾宰牛、买牛肉候客食之以为上品。长此以往，形成了这一黑牛品种。

（二）品种特征

务川黑牛在外形上具有鲜明的特点，全身被毛黑色，毛细短，皮肤呈黑灰色，这使得它们在外观上具有高度的辨识度。体质结实，体态匀称，结构紧凑，体格中等。角黑色且偏小，公牛（图 2–8）多呈“萝卜角”，母牛（图 2–9）则以“抢材角”为主。颈宽粗短，肩峰丰满偏高，四肢粗壮端正，关节结实，这些特征共同构成了务川黑牛强健的体格。

图 2-8　务川黑牛 - 公牛

图 2-9　务川黑牛 - 母牛

（三）品种性能

务川黑牛在生产性能上表现出色：屠宰率较高，达到 52.9%，骨肉比为 1∶4.9，显示出其良好的产肉性能。一般在 2 岁龄时达到性成熟，母牛利用年限在 10～15 年，犊牛成活率为 90% 以上，这些指标均表明务川黑牛具有较强的生长潜力和繁殖能力。务川黑牛具有一系列优良的品种特性，耐粗饲与适应性强，务川黑牛能够耐受粗放的饲养条件，对环境的适应性强，这使得它们能够在各种气候和地理条件下生存和繁衍。同时抗病力强，务川黑牛体质强健，抗病能力强，减少了养殖过程中的疾病风险。务川黑牛屠宰率达 52.9%，肉质鲜美细嫩，营养丰富，是当地居民的主要食品之一，随着消费者对高品质食品需求的增加，务川黑牛的肉质优势得到了市场的广泛认可。

（四）产区环境

务川黑牛是贵州遵义务川仡佬族苗族自治县的一种地方特有黄牛品种，是我国为数不多的黑牛本地品种之一，也是我国优良的地方黄牛品种之一。务川黑牛主产于贵州北部的遵义务川县，并广泛分布于邻近的凤冈、道真、绥阳、播州、正安和德江等县（区）。这些地区独特的地理环境和气候条件为务川黑牛的饲养提供了优越的自然条件。目前务川黑牛群体数量仅 900 余头，较 2005 年减少近 98.48%，该品种种群数量下降过快，面临种群消失的危险。

（五）产业发展

为了保护和利用好务川黑牛这一地方特有种资源，需要采取一系列措施，可建立和完善遗传资源库，保护和传承优良品种基因。同时加强对养殖户的技术培训和指导，提高养殖水平和意识，推广科学养殖技术，保证务川黑牛的品质和数量。推动务川黑牛文化的传承和宣传，让更多的人了解和认识这一地方特有种资源，提升其市场知名度和影响力。

五、黎平牛

（一）品种背景

黎平牛，俗称黎平小黄牛，当地群众颇善养牛和识牛，对牛的饲养管理、选种、使役、疫病防治等都积累了丰富的经验。据《黎平府志》记载，黎平牛除婚丧祭祀外，民间佳节及宴请亲朋，均以宰牛吃“牛瘪”和腌牛肉（候客至食之以为上品）；《黎平府志》促进了黎平牛品种的形成与发展，至今斗牛习俗在当地仍很普遍。产区大部分群众对牛作肉用胜于役用，在上述特定的自然生态环境与社会经济条件及民族风俗习惯的影响下，黎平牛成为经产区各族劳动人民长期精心饲养选育而成的一个地方小型良种。

（二）品种特征

图 2-10　黎平牛 - 公牛

图 2-11　黎平牛 - 母牛

黎平牛在体貌上具有以下显著特点：其体型矮小紧凑，成年公牛（图 2-10）体高约为 107.6 cm，母牛（图 2-11）约为 98.9 cm；公牛体重可达 288.1 kg，母牛则为 196.2 kg；被毛多为黑色和黄色，褐色次之。

头中等大小，公牛略显宽短；额宽平，嘴圆大、口角深。母牛角短细，向前两侧弯曲，多为黑褐色；公牛角粗大，多为“竹笋角”；母牛颈长薄；公牛颈短，垂肉发达，肩峰高大突出；胸宽深，背腰平直；母牛后躯略高于前躯；腹圆大而充实，尻部较宽而丰满，略有倾斜；四肢短小结实，蹄质坚实。

（三）品种性能

黎平牛具备一系列优良的品种特性：黎平黄牛的适应性强，能够适应贵州山区复杂多变的气候条件和饲养环境，同时具有较强的抗病能力和对不良环境的抵抗力。黎平牛在生产性能上表现良好。母牛繁殖年限可达 15～20 年，繁殖力较强。公牛 1～1.5 岁开始配种，母牛 2 岁开始配种。初生重较小，公犊为 11.8 kg，母犊为 11.5 kg。屠宰率为 50.1%～53.6%，净肉率为 48.5%。黎平黄牛肉质细嫩多汁，口感鲜美，营养丰富，富含蛋白质和多种矿物质，是优质的膳食肉资源，深受消费者喜爱。鲜肉的蛋白质含量为23.08%，脂肪含量为4.08%；必需氨基酸与氨基酸总量（EAA/TAA）的比值为40.08%（未计色氨酸）；不饱和脂肪酸（UFA）与总脂肪酸（TFA）的比例为45.78%。黎平黄牛肉富含蛋白质、风味氨基酸和脂肪酸，肉质柔软而不油腻，口感好，易消化，营养价值高，是优质的膳食肉资源，其中亚油酸含量1.46%，是人体必需脂肪酸的重要来源。

（四）产区环境

黎平牛主产于贵州东南部的黎平、从江、榕江、锦屏4县，天柱、剑河、雷山、台江等县及邻近的湖南省靖州县、通道县、广西壮族自治区的三江县也有少量分布，是一个役肉兼用小型牛种，因其体格矮小，素有“小个子牛”之称。1983年被贵州省列为地方优良品种，正式命名为“黎平黄牛”，该品种具有结构匀称、丰厚紧凑、矫健灵活、疾病少、耐粗饲、适应性强、易于饲养繁殖力强、遗传性能稳定、肥育及产肉性能良好、肉质鲜美细嫩多汁等优良特性，是我国地方牛品种基因库的宝贵资源。

（五）产业发展

近年来，随着农业产业结构的调整和畜牧业的发展，黎平黄牛产业得到了快速发展。当地政府和农户积极探索新的养殖模式和市场销售渠道，通过科学饲养管理和品牌化经营等方式提升黎平黄牛的市场竞争力和附加值。同时，还加强了与科研机构和企业的合作与交流，推动黎平黄牛品种的选育和改良工作不断取得新的进展。

综上所述，黎平黄牛是贵州省东南部地区的一个优良的地方黄牛品种，具有独特的品种特征和优良的生产性能。在未来的发展中应继续加强品种保护、选育改良和产业化开发工作以推动其持续健康发展并为当地农业经济发展作出更大的贡献。

第二节　主要引进品种

一、安格斯牛

（一）产地与分布

安格斯牛，原产于英国苏格兰北部的阿伯丁和安格斯地区，因其产地而得名，是偶蹄目牛科家牛属的一种哺乳类动物，也是英国三大无角品种牛之一，以其卓越的肉质和多种优良特性而闻名于世，是世界著名的小型早熟肉牛品种。自 19 世纪开始，安格斯牛逐渐向世界各地输出，目前已成为全球多个肉牛业发达国家的主要饲养品种之一。在中国，自 1974 年起，安格斯牛被引入并广泛饲养于新疆、内蒙古、东北三省、山东等北部地区。

（二）基本特征

1. 体型外貌

安格斯牛体格低矮，体紧凑、结实，头小而方正，头额部宽而额顶突起，颈中等长且背线平直。腰部丰满，体躯呈圆筒状，四肢短而端正，体躯平滑而丰润，皮肤松软且富有弹性。其显著特征是被毛光亮、滋润，以黑色为主（安格斯黑见图 2-12），也有红色（安格斯红见图 2-13）品种，但黑色品种更为常见。部分牛腹下、脐部和乳房部有白斑，但不影响其品种特征。

图 2-12　安格斯（黑）

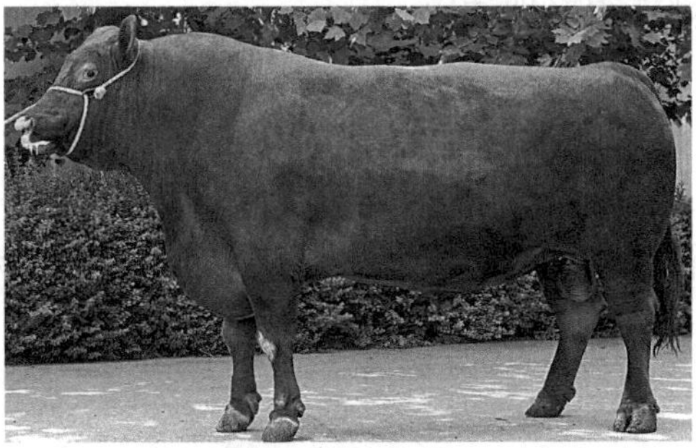

图 2-13　安格斯（红）

2. 体重与体高

成年公牛体重通常在 700～900 kg，部分可达 1 000 kg；母牛体重则在 500～600 kg。成年牛体高，公牛约为 130.8 cm，母牛约为 118.9 cm。

（三）生产性能

1. 增重性能

安格斯牛具有良好的增重性能，哺乳期日增重可达 950～1 000 g，架子牛肥育期日增重则在 0.9～1.5 kg。

2. 繁殖性能

安格斯牛的发情周期为 20 d 左右，妊娠期约为 279 d。其繁殖性能好，繁殖率高达 95%，且难产率极低。产犊间隔短，一般为 12 个月左右，连产性好。

3. 肉质特性

安格斯牛肉用性能突出，肉质鲜嫩多汁、口感细腻。其胴体品质高、出肉多，屠宰率一般为 60%～65%。此外，安格斯牛肉还具有高比例的大理石花纹，使得其肉质更加美观和美味。

（四）饲养管理

1. 环境适应性

安格斯牛对环境适应力强，耐寒抗病且耐粗饲。无论是放牧还是舍饲都能很好地适应。

2. 性情与管理

安格斯牛性情温顺，易于管理。在饲养过程中，可以通过合理的饲养管理和疾病防控措施来提高其生产性能和肉质品质。

（五）经济价值

随着人们对高品质牛肉需求的增加，安格斯牛肉因其优异的肉质特性而备受市场青睐。其价格通常高于普通牛肉品种，具有较高的经济价值。在中国等发展中国家，安格斯牛的引进和推广对于提升当地肉牛产业的遗传潜力和市场竞争力具有重要意义。通过杂交改良等方式可以培育出更加适应当地饲养环境和市场需求的肉牛品种。

二、西门塔尔牛

（一）产地与分布

西门塔尔牛（图 2–14）原产于瑞士西部的阿尔卑斯山区，主要产地集中在西门塔尔平原和萨能平原。这一品种因其卓越的性能逐渐传播至法国、德国、奥地利等周边国家，并成为这些国家畜牧业的重要组成部分。西门塔尔牛现已广泛分布于全球多个国家和地区，包括中国。在中国，西门塔尔牛主要分布于内蒙古、黑龙江、新疆和四川等地，适应性强，能在多种环境条件下生长。

图 2–14　西门塔尔牛

（二）基本特征

西门塔尔牛具有显著的外貌特征，这些特征不仅美观，也体现了其作为乳、肉、役三用品种的优势。体躯长，呈圆筒状，肌肉丰满，前躯较后躯发育好，胸深，尻宽平，四肢结实，大腿肌肉发达。头较长，面宽，角较细而向外上方弯曲，尖端稍向上。毛色为黄白花或淡红白花，头、胸、腹下、四肢及尾端多为白色，皮肤为粉红色。成年公牛体重平均800～1 200 kg，母牛则650～800 kg。

（三）生产性能

西门塔尔牛之所以被誉为“全能牛”，主要得益于其出色的生产性能。西门塔尔牛乳用性能优异，平均产奶量为4 070 kg，乳脂率3.9%。在欧洲良种登记牛中，年产奶4 540 kg的牛只约占20%。西门塔尔牛以产肉性能高、胴体瘦肉多、脂肪少且分布均匀而出名。其生长速度较快，平均日增重可达1.35～1.45 kg，公牛育肥后屠宰率可达65%左右，净肉率50%以上。西门塔尔牛也具备较好的役用性能，能够承担一定的农耕和运输任务。

（四）饲养管理

在养殖西门塔尔牛时，需要注意以下几点技术和管理要点。提供舒适、干净的饲养环境，确保圈舍通风良好、温度适宜，并减少噪声和其他干扰因素。按照西门塔尔牛分阶段饲养管理的策略进行饲养。在应激过渡期注重环境适应和系统恢复；在育肥前期关注瘤胃的调理和营养素的均衡供给，在育肥后期逐步增加高精料比例以提高增重速度和肉质品质。同时，加强疾病防控工作，定期进行疫苗接种和驱虫，确保牛只健康生长。

（五）经济价值

西门塔尔牛适应环境能力较强，适合在多数地区饲养。它们耐热、抗病力强、耐粗饲，采食量大且不择食。这些特点使得西门塔尔牛在全球范围内得到了广泛的推广和应用。西门塔尔牛的经济价值极高。其肉质细嫩、多汁、口感鲜美，深受消费者喜爱。同时，由于其生长速度快、饲料转化率高、养殖周期短等特点，使得养殖西门塔尔牛能够获得可观的经济效益。此外，西门塔尔牛作为国际知名品种，具有很高的品牌价值和市场认可度，有助于提升养殖场的知名度和竞争力。

三、和牛

（一）产地与分布

1. 品种分类

和牛（图 2–15）在全球范围内有多个品种，如日本和牛、澳洲和牛、美国和牛等。其中，日本和牛以其卓越的品质最为著名。由于日本对和牛种源封锁，国内养殖主要是澳洲和牛。

2. 产地分布

日本是和牛的原产地，但如今和牛已在全球多个国家和地区进行养殖和推广。特别是神户牛、松阪牛、近江牛等高级和牛品牌，更是成为和牛中的佼佼者。

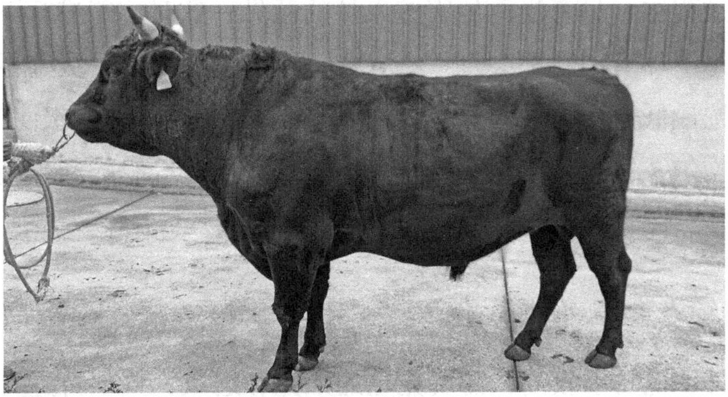

图 2–15　和牛

（二）基本特征

1. 外观与体型

和牛以黑色为主毛色，在乳房和腹壁处常带有白斑。成年母牛体重约 620 kg，公牛则可达 950 kg。经过 27 月龄的育肥，体重可达 700 kg 以上，平均日增重超过 1.2 kg。

2. 生长与繁殖

和牛生长迅速，成熟早，肉质优良。一般来说，日本和牛一生能产 15～16 胎，但为了保证母牛和仔牛的健康，通常产到 10 胎左右就会停止配种。母牛健康状况良好的情况下，也可能产到 13～14 胎。其妊娠期平均为 285 d。

（三）生产性能

和牛具有早熟、易肥的特点，这使得其生长速度快，能够在较短时间内达到理想的体重和肉质。和牛的肉质以其独特的大理石花纹而著称，这种花纹在烹饪后呈现出如雪花般的美丽景象，因此也被称为“雪花牛肉”。其肉质多汁细嫩，风味独特，肌肉脂肪中饱和脂肪酸含量低，营养价值极高。这使得和牛在日本被视为“国宝”，在西欧市场也极为昂贵。

日本的和牛牛肉从高到低共分为五个等级：A5、A4、A3、A2、A1。等级评定过程中，只有当两位审核人员的意见一致时才能进行下一环节的评定。在每个环节中，都会打一个分数，而最终确定的等级并不是按最高分，而是按最低分作为最终的等级。高等级的和牛（如 A5 级）肉质细嫩、脂肪分布均匀，适合用来做刺身或高档料理。而低等级的和牛则更适合烤制或煮制等烹饪方式。

（四）饲养管理

和牛对环境要求较高，需要充足的采光和通风，并保持适宜的温度和湿度。牛舍应设计合理，确保牛只有足够的活动空间，并提供清洁、舒适的环境。和牛是草食性动物，饲料的供给对其生长和发育至关重要。应根据不同生长阶段的需要，合理配制饲料，包括粗饲料（如优质青贮料和干草）和精饲料（如谷物、豆粕等）。及时接种疫苗是预防疾病的重要措施，养殖户应根据当地的疫情和兽医的建议，合理安排疫苗接种计划。同时，定期对和牛进行体检，及时发现患病或异常情况，并采取相应的治疗措施。

（五）经济价值

和牛肉的价格相对较高，和牛牛排每千克可以卖到几百元甚至更高，市场需求量大。这使得养殖和牛成为一个具有丰厚经济效益的产业。随着人们对健康食品需求的不断增加，和牛的市场前景非常广阔。同时，和牛养殖还可以提供新鲜的牛奶和牛奶制品，以及有机肥料等附加产品，进一步增加了其经济价值。

四、利木赞牛

（一）产地与分布

利木赞牛（图 2-16）原产于法国中部的利木赞高原，并因此得名。在法国，利木赞牛主要分布在中部和南部的广大地区，是法国重要的肉牛品种之一，数量仅次于夏洛莱牛，属于专门化的大型肉牛品种。其卓越的肉质特性和广泛的适应性，使得利木赞牛在全球范围内受到了广泛的关注和养殖。20 世纪 70 年代初，利木赞牛被输入欧美各国。截至 2012 年，利木赞牛已经分布到世界上许多国家，成为各国肉牛群体中的主导品种之一。目前，世界上有 54 个国家引入了利木赞牛，用于改良当地牛种的肉用性能或进行经济杂交。

中国于 1974 年开始引进利木赞牛。引进后，利木赞牛在中国的分布范围逐渐扩大，目前主要分布在东北三省（黑龙江、吉林、辽宁）、华北三省区（河北、山西、内蒙古）及山东的部分地区（通常不包括整个山东省，此处可能指的是华北地区的部分省份与山东接壤或相近的区域）、安徽、湖北、四川、陕西、甘肃、宁夏等省（区）。在这些地区，利木赞牛被用于改良当地黄牛品种，提高了肉用性能和经济效益。

（二）基本特征

利木赞牛属于偶蹄目、牛科、牛属哺乳动物，体格大且匀称，整体呈圆筒状。它们头较短小，额宽，胸部宽深，体躯较长，四肢粗短而肌肉丰满。被毛颜色主要为红褐色或黄色，口、鼻、眼周围、四肢内侧及尾帚毛色较浅，角为白色，蹄为红褐色。这些特征使得利木赞牛在外观上极具辨识度。

图 2-16　利木赞牛

（三）生产性能

利木赞牛以其生长速度快、产肉性能高而著称。在法国较好的饲养条件下，公牛成年体重可达 1 200～1 500 kg，母牛可达 600～800 kg。在集约饲养条件下，犊牛断奶后生长迅速，10 月龄体重即可达到 550 kg 左右，周岁时体重可达 650 kg。此外，利木赞牛在幼龄期（如 8 月龄）就能生产出具有大理石纹的牛肉，肉质细嫩且口感上佳。利木赞牛的产肉性能高，胴体质量好，眼肌面积大，前后肢肌肉丰满，出肉率高，这些优点使得利木赞牛在肉牛市场上具有很强的竞争力。同时，其肉质细腻、瘦肉率高、胆固醇和脂肪含量相对较低，是健康美味的牛肉代表。育肥牛屠宰率在 65% 左右，胴体瘦肉率在 80%～85%，并且胴体脂肪非常少，仅为 10.5% 左右，骨重量仅为 12%～13%，牛肉风味良好，广受市场好评。

利木赞牛的繁殖性能也较为优良。母牛初情期一般在 1 岁左右，初配年龄为 18 ～ 20 月龄。繁殖母牛空怀时间短，两胎间隔平均 375 d。公牛一般性成熟时间为 12 ～ 14 月龄，开始配种年龄为 2.5～3 岁，利用年限为 5～7 年，这些特点使得利木赞牛在繁殖方面具有较高的效率和稳定性。

（四）饲养管理

利木赞牛体质结实健康，适应性强，对牧草选择性不严格，耐粗饲，食欲旺盛。它们既适合放养也适合圈养，能够在各种环境条件下生存和繁殖。在饲养管理方面，利木赞牛对饲料的要求不高，可以适应不同的饲料类型。然而，为了保证其健康生长和高产性能，仍需注意合理搭配饲料、定时定量饲喂以及做好疾病防治等工作。

（五）经济价值

利木赞牛以其卓越的肉质特性和广泛的适应性而备受市场青睐。其产出的牛肉瘦肉多、蛋白质含量高、富有弹性且大理石花纹适中，是高档牛肉市场的重要品种之一。随着人们对健康食品需求的不断增加和消费升级趋势的加强，利木赞牛的市场前景非常广阔。

第三节　主要养殖杂交品种

一、西门塔尔杂交牛

西门塔尔杂交牛是由西门塔尔牛与贵州省的地方黄牛杂交选育出来的，即西杂牛，具有乳肉兼用地方性优良品种。其外貌特征与国外西门塔尔牛基本一致，体躯深宽高大，结构匀称，肌肉发达，乳房发育良好。耐粗饲，抗病力强。西杂牛的生长速度明显优于本地黄牛。在良好的饲养条件下，西杂牛在 24 月龄体重可达 500 ～ 650 kg，而本地黄牛则难以达到这一水平。屠宰率高，经过育肥的西杂牛屠宰率一般能达到 51.6% 以上，净肉率 42.3% 以上，甚至在一些饲养条件下能达到 55% 以上，接近 60%。这一性能使得西杂牛在肉用市场上具有更高的经济价值。西杂牛的肉质细嫩，肌肉间脂肪分布均匀，呈大理石状，口感好，受到消费者的喜爱。由于西杂牛生长快、屠宰率高、肉质优良，因此其经济效益也显著高于本地黄牛。在同样的饲养条件下，西杂牛的出栏时间更短，饲料转化效率更高，从而降低了饲养成本。西杂牛的毛色以黄（红）白花为主，花斑分布随杂交代数增加而趋整齐，六白特征明显。这种独特的毛色特征使得西杂牛在外观上更加美观和易于识别。

综上所述，西门塔尔牛与本地黄牛杂交后的牛具有体型增大、生长速度快、屠宰率高、肉质优良、适应性强和抗病性能好等特点。这些特点使得西杂牛在畜牧业中具有重要的经济价值和广阔的发展前景。

二、安格斯杂交牛

安格斯牛与贵州本地黄牛杂交后的牛只，简称安杂牛，能够结合两者的优势。杂交牛的体型和外貌可能因杂交组合的不同而有所差异，但通常能够表现出较为匀称和健美的体型。杂交牛在良好的饲料、饲养和管理条件下，通常能够表现出较快的生长发育速度。在育肥期，其日增重可达到较高水平，有助于缩短育肥周期，提高经济效益。安杂牛一代的体型通常不大，不易导致难产，但结实紧凑，头小额宽，背腰平直，肌肉丰满，安杂一代犊牛的初生重要比本地黄牛提高 38.71%，2 岁龄的安杂牛体重较当地黄牛提高 76.06%。安格斯牛以其优质的肉质而闻名，杂交后的牛只往往能够继承这一优点。其肉质细嫩、多汁，且富含大理石花纹，使得牛肉的口感和风味更佳。杂交牛的胴体品质通常较好，净肉率较高，能够满足市场对高品质牛肉的需求。在一般营养水平饲养下，安杂牛的屠宰率约为 50%，净肉率在 36.91% 左右。安格斯牛本身对环境具有较强的适应能力，与本地黄牛杂交后的牛只通常能够继承这一特点，适应不同地区的饲养环境，在山地放牧的安杂一代牛只，通常具有动作敏捷，爬坡速度快，步伐轻快，吃草快等特点，但比较神经质，容易受到惊吓。此外，杂交牛在抗病能力方面通常也表现出较强的优势，能够减少疾病的发生和传播，降低养殖风险。

三、和贵杂交牛

和牛与贵州本地黄牛杂交牛，简称和贵杂交牛，和牛以其肉质较好、生产雪花牛肉而著称，成年公牛体重可达 900 kg 以上。贵州地方黄牛则因品种不同而体型各异，但整体上体型相对较为紧凑。和贵杂交牛的体型介于两者之间，展现出更为均衡和协调的比例。杂交牛表现出较快的生长速度和较高的饲料利用率，以及显著的耐粗饲、抗病力强、肉质好等特点，对当地环境有较强的适应性。杂交牛的肉质可能会融合两者的优点，形成更为优质的牛肉产品。和贵杂交牛的肉质可能会保留和牛肉的口感鲜美，入口即化的特点，同时结合贵州地方黄牛肉的风味优势，形成独特的风味和口感体验。这类杂交牛数量相对较少，具体特征还需收集更多数据进行分析。

四、利木赞杂交牛

利木赞杂交牛则是用利木赞牛作父本，当地黄牛作母本进行杂交而成的杂交牛的总称。贵州黄牛毛色多为黄色，角形为“倒八字角”，体型相对紧凑；而利木赞杂交牛则体型更长，臀部更宽平，四肢更粗短，更符合肉用型牛的特征。利木赞杂交牛的生长速度和产肉力明显高于黄平黄牛，屠宰率和净肉率也更高。杂种牛背腰平直，体躯较长，臀部宽平，肌肉发达，后躯发育良好，四肢粗短，呈肉用型。利木赞杂交牛杂交优势、肉用特征明显，生长速度快，产肉力高，肥育后屠宰率在 51.2% 以上，净肉率在 41.7% 以上。

第三章 肉牛的生物学特点

牛属于反刍动物，其消化器官结构不同于单胃动物，肉牛的消化特点主要体现在其独特的消化系统上，包括口腔、胃（特别是瘤胃、网胃、瓣胃和皱胃）、小肠、大肠等部分，以及与消化有关的腺体如唾液腺、肝脏、胰腺和胆囊等。其对饲料的消化也分为两个阶段进行，首先是瘤胃消化，然后将残渣过渡到第四胃以及小肠等消化器官进行消化。

第一节 牛消化器官及其特征

一、口腔消化特点

肉牛没有上切齿和犬齿，只有臼齿（板牙）和下切齿。它们通过左右侧臼齿轮换与下切齿切断饲草。在采食时，肉牛依靠其舌伸卷及上颌的肉质牙床和下颌的切齿与唇的协同动作将食物摄入口腔。唾液腺分泌大量富含缓冲盐类的腮腺唾液，起到润滑食团、中和缓冲、保护口腔黏膜等作用。

二、胃的消化特点

肉牛是反刍动物，具有四个胃室：瘤胃、网胃、瓣胃和皱胃。瘤胃是肉牛消化系统中最重要的部分，容积很大，内壁有强大的纵行肌肉环，能有力地收缩与松弛，进行节律性的蠕动，以搅拌与揉磨胃中的食物。瘤胃内存在大量的微生物（细菌、原虫和真菌），这些微生物能分解粗饲料中的粗纤维，产生大量的有机酸（挥发性脂肪酸），为肉牛提供60%～80%的能量需要。同时，微生物还能合成B族维生素和大多数必需氨基酸，将非蛋白氮（如尿素）转化成蛋白质。网胃内表面呈蜂窝状，使食物暂时逗留在此，有助于微生物在这里充分消化食物。瓣胃有助于磨碎食物和吸收水分。皱胃是唯一含有消化腺的胃室，与单胃动物的胃相似，能分泌消化液，消化从瘤胃和网胃中返回的食糜。

反刍是肉牛消化过程的一个重要环节。进入瘤胃的粗饲料在微生物的作用下发酵形成食糜，然后返回到口腔重新咀嚼，使饲料颗粒变小，更易于通过瘤胃消化吸收。肉牛每天需要花费6～8 h进行反刍。

三、小肠和大肠的消化特点

食糜通过瘤胃、网胃和瓣胃后，进入小肠。小肠分为十二指肠、空肠和回肠，表面布满大量绒毛和微绒毛，极大地扩展了食物吸食的表面积，有助于营养物质的吸收。盲肠和结肠位于小肠之后，能吸收一些挥发性脂肪酸和水分，形成粪便后排出体外。

四、其他消化特点

肉牛能转化植物饲料中的胡萝卜素为维生素A，转化率较高。肉牛对饲料的消化率可达50%～90%，远高于其他畜禽，这得益于其瘤胃内微生物的高效发酵作用。肉牛具有稳定的瘤胃内环境，包括适宜的pH值、缓冲能力、氧化还原电位和温度等，这些条件有利于微生物的生长和繁殖，从而维持高效的消化功能。

第二节 牛的瘤胃消化

一、瘤胃的结构与功能

瘤胃是牛等反刍动物的第一胃，位于腹腔左侧，几乎占据整个左侧腹腔。它是一个囊状消化器官，内部食糜分为三层：气层、致密层与液体层。瘤胃的容积很大，成年母牛的瘤胃容积可达 151 L，能存 136 kg 内容物，占整个胃容积的 80% 左右。瘤胃的黏膜没有胃腺，不能分泌胃液，但能通过胃壁吸收葡萄糖、低级脂肪酸、氨、无机盐类及大量水分。

二、瘤胃内的微生物群落

瘤胃内拥有数量庞大的微生物群落，包括细菌、产甲烷菌、真菌与原虫等。这些微生物对饲料的发酵是导致反刍动物与非反刍动物消化代谢特点不同的根本原因。瘤胃中的细菌数量可达 250 亿～500 亿个 /mL，原生虫数达 20 万～50 万个 /mL。这些微生物能够消化粗纤维，将纤维素分解成乙酸、丙酸和丁酸等可利用的有机酸（挥发性脂肪酸），为牛提供 60%～80% 的能量需要。同时，微生物还能合成 B 族维生素和大多数必需氨基酸，将非蛋白氮（如尿素）转化成蛋白质。

三、饲料的摄入与咀嚼

牛在采食时，将大量饲料贮存在瘤胃内。休息时，牛会将大的饲料颗粒反刍入口腔内，慢慢嚼碎。嚼碎后的饲料迅速通过瘤胃，为再吃饲料提供空间。反刍是牛消化过程的一个重要环节，它不能直接提高消化率，但饲料经过反刍咀嚼后，颗粒变小，才能通过瘤胃消化吸收，从而能更多地采食，增加营养。

四、瘤胃内的发酵作用

在瘤胃微生物的发酵作用下，饲料中的纤维素被逐级分解，产生大量的挥发性脂肪酸、二氧化碳和甲烷等。挥发性脂肪酸能通过胃壁被吸收，为牛提供能量。二氧化碳和甲烷则通过嗳气排出体外。如果不能正常排出，就会引发瘤胃鼓胀病，甚至导致死亡。

五、瘤胃内环境的调控

瘤胃内的 pH、温度、渗透压等环境因素对微生物的发酵作用有重要影响。正常情况下，瘤胃内容物的 pH 值为 6.8～7.8，具有良好的缓冲能力。瘤胃的正常温度为 39～41℃。为了保持瘤胃微生物发酵的适宜环境，牛的日粮干物质和水分的比例应保持相对稳定。

牛的瘤胃消化过程是一个复杂而精细的过程，涉及饲料的摄入、咀嚼、微生物的发酵作用以及瘤胃内环境的调控等多个环节。这一过程为牛提供了大量的能量和营养物质，是其能够高效利用粗饲料的关键所在。

第三节 影响牛瘤胃消化的因素

一、饲料因素

（一）饲料种类

牛采食的饲料种类不同，瘤胃内微生物的种类和数量会发生很大的变化。例如，草料富含纤维素，需要瘤胃微生物的纤维素分解酶进行分解。如果饲料过于单一或缺乏必要的营养成分，会影响瘤胃微生物的多样性和活性，从而影响消化效率。

（二）饲料质量

饲料质量直接影响瘤胃消化的效果。例如，霉变的饲料会含有有毒物质，影响瘤胃微生物的活性，甚至对牛的健康造成危害。饲料中的灰分过高也会降低瘤胃的消化效率。

（三）饲料颗粒大小

饲料颗粒大小对瘤胃消化有重要影响。颗粒过大，会影响瘤胃微生物的接触面积和消化效率；颗粒过小，则可能导致瘤胃内容物的比重增大，影响搅拌和吸收作用。

二、饲养管理因素

（一）饲养环境

饲养环境的卫生状况对瘤胃消化有重要影响。脏乱差的饲养环境可能导致牛感染疾病，进而影响瘤胃微生物的活性。

（二）饮水管理

饮水不足会影响瘤胃的湿润度和微生物的活性，从而降低消化效率。饮水的质量和卫生状况也直接影响瘤胃的健康。

（三）饲料投喂量

饲料投喂量过多或过少都会对瘤胃消化产生不良影响。投喂量过多会导致瘤胃内的食物积聚不畅，从而引发积食的问题；投喂量过少则无法满足牛的营养需求，影响生长性能。

三、疾病因素

（一）消化系统疾病

如瘤胃炎、瘤胃积食等疾病会直接影响瘤胃的消化功能。

（二）其他疾病

如牙齿问题、口腔疾病等也可能影响牛的咀嚼和反刍功能，进而影响瘤胃消化。

四、运输和转群因素

（一）运输应激

牛在运输过程中可能会受到应激因素的影响，如颠簸、噪声等，这些应激因素可能导致牛的消化系统出现问题，从而引发瘤胃消化不良。

（二）转群应激

牛在转群过程中可能会因为环境变化、群体结构变化等因素而产生应激反应，这些应激反应也可能影响瘤胃的消化功能。

五、其他因素

（一）瘤胃内环境

瘤胃内的pH、温度、渗透压等环境因素对微生物的发酵作用有重要影响。这些因素的变化会影响瘤胃微生物的活性和多样性，从而影响消化效率。

（二）牛的个体差异

不同品种的牛、不同年龄的牛以及不同健康状况的牛在瘤胃消化方面可能存在差异。例如，犊牛的瘤胃发育尚未完善，其消化功能相对较弱。

第四章

肉牛养殖场建设技术

第一节 家庭牧场

一、设计原则

贵州山区家庭牧场圈舍的设计与建造需要充分考虑当地的自然生态、气候条件以及家庭牧场的实际需求。根据贵州山区的地形地貌、气候条件以及家庭牧场的规模、养殖种类等因素，合理设计圈舍的布局和结构。在保证养殖效果的前提下，尽量降低建设成本，提高经济效益。同时，注重圈舍的环保和卫生设计，确保养殖环境的清洁和动物的健康。设计时应考虑便于饲养人员的日常管理和操作，提高工作效率。

二、圈舍类型

贵州山区家庭牧场常见的圈舍类型包括单坡式、双坡式和四合院式等。

（一）单坡式

占地少，适宜海拔较低（800 m 以下）的地区修建。料槽建在圈舍前面，牛粪便、尿液向圈舍后方排放。有利于粪便、尿液和污水排放，方便清扫、冲洗；但也存在一定的缺点，这种圈舍保暖性能差，冬春季尤为严重。贵州山区家庭牧场养殖圈舍见图 4-1。

图 4-1　贵州山区家庭牧场养殖圈舍

（二）双坡式

占地多，中间为过道，两面为牛栏，料槽建在中间过道两侧。这种圈舍保暖性能较单坡式好，利于管理和饲喂；其缺点是占地较多，造价高。

（三）四合院式

占地较双坡式更多，适宜海拔 1 000 m 以上的地区修建。四方均建墙，从一方开一道门进出，除开门的一方不修建牛栏外，其他方均修建成牛栏。这种圈舍四面均有墙，保暖性能好，利于养牛者获得更好的经济效益。缺点是牛粪便、尿液向运动场内排放，增加清扫工作量。

三、具体设计与建造

（一）料槽设计

宽度 25 cm、内沿高 25 cm、外沿高 30 cm。槽底部修成弧形，便于清扫和避免饲料浪费。

（二）地面设计

采用水泥磨砂地面，向后有 1%～2% 的坡度，在后边预留排污沟或采用宽 12 cm、厚 6 cm 的木条钉成（或采用钢丝网做成）的漏粪板，缝隙宽度保持为 3 cm，便于牛粪落入排粪沟中。

（三）墙壁设计

外墙最好采用双层砖（二四墙）砌成，有条件的可在双层之间加一层海绵（塑料泡沫板），以增强保温效果。墙体的内外侧均应用水泥抹平，便于清扫、冲洗和消毒。

（四）储粪间设计

修建在牛舍的下风向，让牛粪便、尿液和污水能流入。有条件的可修建沼气池，进行无害化处理并作为肥料使用。

（五）顶部处理

先盖一层厚 40 cm 左右的茅草或稻草（草帘子），再用石棉瓦覆盖。这样做对牛舍冬春季节防寒保暖和夏秋季节防暑降温都有很大作用。

（六）排粪、尿口设计

如采用漏粪板，牛舍下方的排粪、尿口应尽量留得大些，便于人工清除粪、尿。在冬春季节可用厚塑料布等进行遮挡，防止贼风侵袭。但需注意粪、尿发酵产生的氨气等问题。

（七）保温设施

在特别寒冷的天气下，还应在母牛产犊舍和育犊舍中加装保温设施（如生炉子或加装防风帘），以提高牛舍内的温度。

四、其他注意事项

确保圈舍具有良好的通风和采光条件，以改善养殖环境。加强防疫管理，定期消毒圈舍和周边环境，防止疾病传播。设置必要的安全设施，如围栏、防护网等，确保养殖动物的安全。

第二节　中小型养殖场

一、选址

贵州地区地形复杂，以山区、丘陵和盆地等地形为主，中小型养殖场建造时应选择地势高燥、背风向阳、排水良好、地下水位低的地方，有利于肉牛的健康生长和疫病的防控。水源应充足且水质良好，符合饮用水标准，以保证肉牛的生产、生活用水需求。交通便利，有利于饲草饲料的运入和肉牛的销售，但应避免过于靠近主要交通要道，以减少噪声和污染。周边环境应符合环保和防疫要求，远离化工厂、屠宰场等污染源，保持一定距离以确保肉牛的安全。

二、布局

可根据牛场的养殖规模大小，决定肉牛养殖场的建设与布局，一般存栏量在 50 头以下的小规模养殖场，肉牛圈舍可以合理规划，分散利用空余的房屋，休息、运动场地等则可利用屋前屋后场所，能够有效降低建设成本。如养殖场存栏规模扩大以后，则需要完善牛场的各项功能区，主要包括生活管理区、生产区、辅助生产区、粪污处理区和病畜隔离区等功能区。各功能区之间界限分明，符合防疫和防火要求。生活管理区位于上风处和地势较高地段，与生产区严格分开，并设有隔离设施。生产区包括牛舍等生产性建筑，设在场区下风位置，入口处设有人员消毒室、更衣室和车辆消毒池。辅助生产区包括供水、供电、供热、维修、青贮窖、草料库等设施，紧靠生产区布置。粪污处理区和病畜隔离区设在生产区外围下风地势低处，与生产区保持一定间距，设有单独通道。根据养殖规模合理规划场地面积，确保每头肉牛有足够的活动空间。一般来说，散养的肥育牛根据牛只大小每头所需面积 6 ～ 8 m^2。贵州省中小型养殖场地处山区，设施设备齐全，中小型肉牛养殖场如图 4–2 所示。

图 4–2　贵州省中小型肉牛养殖场

三、牛舍建设

可采用半段式矮墙或封闭式有窗牛舍，满足隔热、保温、通风和采光的要求。牛舍总建筑面积按照每头存栏牛 6～8 m^2 计算。牛舍应采用坚固耐用的材料建造，如砖混结构或轻钢结构。地面应致密坚实，不打滑，便于清洗消毒。牛床地面应结实、防滑、易于冲刷，可向粪沟有一定坡度。牛舍内应设置饲槽、水槽、通风设备、照明设备等。饲槽和水槽的尺寸和高度应根据肉牛的生长阶段和体型进行合理设计。

四、配套设施

根据饲草饲料原料的供应条件设计，总贮存量应满足一定周期内的生产需要。青贮窖应选择建在排水好、地下水位低的地方，用水泥等建筑材料制作，密封性好。牛场电力负荷应满足生产需求，宜自备发电机组。道路设计应满足饲料车、工作人员、兽医等通行需求，主干道和支干道宽度应符合规范。牛场应设置消毒池和消毒室，对进出车辆和人员进行严格消毒。同时，还需配备喷雾器等设备对养牛场内外进行喷雾消毒。

五、人员配备

肉牛养殖工作专业技术性较强，且工作程序复杂，规模化养殖场需要配备专业技术人员，对育肥养殖工作进行专业指导。通常中小型养殖场在肉牛育肥之前应配备1～2名的技术人员，掌握基本的育肥技术，以确保育肥生产工作能够有条不紊地进行，避免因不利因素影响肉牛的育肥效果。育肥过程中，应根据肉牛的体重、性别、性情和育肥阶段进行合理分群，并由专人负责饲养管理，以便于及时观察牛群的健康动态，一旦发现异常可进行及时的处理。

六、绿化管理

养牛场应每天清理垃圾，垃圾应分类处理，避免堆积和腐烂。场内雨水采用明沟排放，污水采用暗沟排放和沉淀系统处理。牛场周边和场内道路两旁应种植树木、花草等绿化植物，以美化环境、净化空气。同时，可利用现有的小山坡、树木等形成防风带。

综上所述，中小型肉牛养殖场的建设标准是一个综合性的体系，需要综合考虑自然条件、环保要求、防疫需求以及生产实际等多方面因素。

第三节 大型养殖场

一、选址与布局

养殖场应建在交通便利的地方，严格按照防疫要求，须远离生活饮用水源地、居民区、主要交通干线 500 m 以上，距离畜禽屠宰加工厂和畜禽交易场 1 000 m 以上，以防止疾病传播和环境污染。养殖场场址应选择地势开阔、干燥向阳、通风良好、排水便利的地方，坡度宜小于 25°，青贮窖应利用斜坡地形且处于相对高处，避免青贮窖被河水或者洪水淹没。牛场内中心要利于采光，又要便于防风。水源应稳定且取用方便，水质需符合饮用水水质标准。电力和通信基础设施应良好，以保障养殖场的正常运营。

大型养殖场应按照功能分为生活区、办公区、生产区（育肥区）、消毒和隔离区 4 个功能区域，同时还需合理划分饲料加工区、粪污处理区、防疫隔离带等区域。

（一）生活区

肉牛养殖场的生活区是养殖场中供工作人员生活、休息和日常活动的区域。生活区应位于肉牛养殖场内相对独立、安静、卫生的区域，远离生产区，以减少对生产活动的干扰和疾病传播的风险。一般来说，生活区应距离生产区 100 m 以上，如果条件不具备，也可与管理区合并，但仍需保持一定的卫生隔离。生活区内的建筑和设施应布局合理，便于工作人员的生活和日常活动。这包括宿舍、食堂、浴室、卫生间、活动中心等基础设施，以及必要的绿化和休闲区域。生活区应定期进行清洁和消毒，保持环境卫生整洁。同时，应加强对垃圾和污水的处理，防止环境污染和疾病传播。

（二）办公区

肉牛养殖场的办公区是养殖场中用于工作人员办公、管理和对外联系的重要区域。办公区应设在肉牛养殖场内相对独立且交通便利的位置，便于工作人员进行日常管理和对外联系。通常，办公区应靠近养殖场的主大门，方便人员和车辆的出入，但也需要与生产区保持一定的距离，以减少对生产活动的干扰。其设施应布局合理，功能明确。主要包括办公室、会议室、接待室、资料室、档案室等基础设施。这些设施应根据使用频率和重要性进行合理布局，提高工作效率。办公区内应设置必要的安全设施，如消防器材、监控设备等，并加强安全教育和培训，提高工作人员的安全意识。同时，应定期进行安全检查和维护，确保各项设施的正常运行。

（三）生产区（育肥区）

包括牛舍、青贮窖（氨化池）、草料棚、精料库、饲料加工间、消毒室（池）、机械设备库、兽医室、人工授精室等设施，为整个肉牛场的核心和产生经济效益的主体。①牛舍要靠近生产区的中央，牛舍间要有5～10 m的间距，以保证采光和防疫等需要；②青贮窖（氨化池）、草料棚（图4-3）、精料库、饲料加工间等与饲料有关的设施应位于牛舍附近上风向或侧风向的一侧，以便饲料的取用。

图4-3　规模化肉牛养殖场草料棚建设

（四）消毒和隔离区

牛场大门入口处设车辆及人员消毒设施，场内净道和污道严格分开。

生活办公区设在场区常年主导风向的上风向及地势较高的区域，隔离区设在场区下风向或侧风向及地势较低区域，是养殖场对引进肉牛、养殖场内的病牛或者疑似病牛进行隔离、观察和处理的区域。粪污处理区与无害化处理区按夏季主导风向设于生产区的下风向或侧风向处。牛场四周建有围墙或防疫沟，并配有绿化隔离带设施。

值得注意的是，贵州省大部分地区夏季的主风向为西南风，但要考虑因山的阻挡和山区特殊地形的风向改变而形成的局部风向特点，在建牛场时，应根据场址夏季主风向来合理布局各区。管理区应位于夏季主风向的上风方向，生产区和隔离区应位于管理区的下风方向，隔离区及粪污处理区等应位于整个牛场的最下风向。

二、养殖场建设技术规程

贵州省规模化肉牛养殖场建设的基本要求符合以下技术标准，并引用了以下标准和规范性文件。

病害动物和危害动物产品生物安全处理规程（GB 16548—2006），无公害食品畜禽饮用水水质标准（NY 5027—2008），无公害食品畜禽饲养兽药使用准则（NY 5030—2006），无公害食品畜禽饲料和饲料添加剂使用准则（NY 5032—2006）。

三、牛舍建设

贵州地区大型养殖场的牛舍以单列式和双列式为主，单列式牛舍内宽4～4.5 m，南面敞开或半敞开，东、西、北墙采用半段式矮墙；双列式牛舍内宽7.5～10 m（也有建议不少于10 m，分栏散养双列式不少于20 m），东西有墙，南北留有矮墙、窗及出入通道的门。牛舍应具备防寒、防暑、通风和采光等基本条件。牛舍顶棚应距地面3.5～3.8 m，屋檐距地面2.8～3.2 m，牛舍檐口高度为单列式布局不低于3.2 m，双列式布局不低于3.8 m，且随着牛舍跨度的增加而增加。地面采用坚固耐用的材料，如砖面或水泥面，便于清扫和消毒。牛床应有适当的坡度，便于排水。同时，应配备饲喂、饮水及清粪设施设备，以及环境控制的风机、换气扇设备等。修建数栋牛舍时采取长轴平行配置，每栋牛舍间距 10 m 左右（也有建议不低于 6 m），同一水平面两栋牛舍间距不低于 6 m。牛舍四周和场内舍与舍之间的道路在 2～3 m 以上，牛场建设示意图可参考图 4–4。

图 4–4　规模化肉牛养殖场牛舍建设

四、生产与防疫

饲料原料应符合相关规定，饲料添加剂的使用也应符合标准。饲料采购、供应、日粮组成和配方应有详细记录。新购入的牛应检疫合格，并进行隔离、观察、处置。应制订疫病监测方案，按规定进行预防接种。同时，应建立消毒制度和疫病防治制度，防止疾病的发生和传播。应建立完善的粪污储存及处理设施，实现粪污的资源化利用。粪污收集实行“雨污分离、干湿分离”，减少污水产生量。

五、配套设施

大型肉牛养殖场为确保高效运营、肉牛健康生长及环境保护，应具备一系列完善的配套设施。

（一）围栏

大型肉牛养殖场可根据养殖场的实际情况、肉牛数量和品种特性，合理规划围栏的布局。确保围栏能够有效分隔不同品种、性别或年龄段的肉牛，同时便于管理和观察。围栏的高度应根据肉牛的大小和跳跃能力来确定，一般成年牛所需的围栏高度为1～1.5 m。围栏的长度则应根据养殖场的规模和肉牛数量来设定，确保每头肉牛都有足够的活动空间。围栏材料应具有足够的强度和耐久性，能够承受肉牛的冲撞和挤压。常用的材料包括木材、钢管、铁丝网等，这些材料应具有良好的防腐性能，以延长使用寿命。选择围栏材料时，应考虑其安全性和环保性。避免使用尖锐、易碎的材质，以减少肉牛受伤的风险。同时，材料应符合相关环保标准，避免对环境和肉牛造成污染。此外，在建设围栏时，应遵守相关的法律法规和标准要求。确保围栏施工符合当地的安全标准和法规，避免因围栏问题导致的安全隐患和法律责任。

（二）饲料生产与储存设施

大型肉牛养殖场应具备以下饲料生产与储存条件。

1. 饲料加工车间

主要用于饲料的加工、调制和配比，确保肉牛获得均衡的营养。可设在成品饲料库房内或各栋牛舍附近，以方便饲料调制和投喂，其大小可以根据肉牛养殖场的实际规模、饲料加工类型以及生产需要而定，一般占地面积在500～1 000 m^2，大型肉牛养殖场可采用TMR饲料搅拌机，进行混合饲料饲喂。注意饲料加工车间应做好防潮、防水、防虫、防鼠等工作，避免饲料受潮发霉或者被虫鼠破坏。

2. 饲料库房

分为原料间、加工间和成品间，用于储存各种饲料原料、加工后的饲料以及成品饲料。库房应建在饲养区靠近大门处，便于来料卸货和分发。

3. 青贮设施

如青贮窖或青贮塔，用于储存青贮饲料，以弥补冬季和早春季节肉牛营养不足。窖或塔的墙壁应坚固、内壁光滑、不透气、不漏水，确保饲料的质量。青贮窖是大型肉牛养殖场中非常重要的设施之一，主要用于储存青贮饲料。

六、消毒设施

消毒池应建在养殖场的主要出入口，包括场区大门和牛舍门口。场区门口的消毒池应略宽于大门，便于车辆通行和全面消毒。场区门口消毒池的深度一般为 10～15 cm，长度可根据实际情况确定，但建议不小于 2 m，以确保消毒效果。牛舍门口的消毒池可以较小，但应确保足够容纳进出人员的鞋底进行消毒。消毒池应选用坚固、平整、不渗漏的材料建造，如混凝土或砖混结构。同时，应设置排水设施，以便及时清理消毒池内的积水。消毒池内可添加火碱、生石灰等消毒剂，也可安装喷淋设备喷洒过氧化氢溶液等消毒剂。消毒剂的选择应根据实际情况和消毒需求进行。

紫外线消毒设备应安装在牛舍内部或人员通道内，以便对进出人员进行消毒。同时，应确保紫外线灯能够照射到需要消毒的区域。紫外线灯的数量和布局应根据消毒区域的大小和形状进行确定，以确保消毒效果。一般来说，紫外线灯应安装在距离地面约 2 m 的位置，以紫外线有效消毒距离 2 m 计算所需紫外线灯的数量。紫外线消毒设备的消毒时间应根据实际情况进行确定，一般建议消毒时间为 30 min 左右。同时，应定期更换紫外线灯管，以确保其消毒效果。

在养殖场内部或周边区域，可以设置喷雾消毒设备对空气和地面进行喷雾消毒。喷雾消毒设备应选用能够均匀喷洒消毒剂的型号，并确保消毒剂能够覆盖到需要消毒的区域。在人员通道或车辆通道处，可以设置消毒室对进出人员进行全身消毒。消毒室内应配备消毒液、洗手池等设施，并设置明显的消毒流程和注意事项提示牌。

七、污水池和堆粪池

污水池是大型肉牛养殖场重要设施，其建设应遵循“资源化、减量化、无害化”的原则，确保污水得到有效处理和利用。污水池的设计应考虑养殖场的实际污水产生量，确保污水池的容积能够满足需求。污水池应采用钢筋混凝土结构或砖混结构，确保池体的坚固和耐用。池体应设有防渗层，防止污水渗漏对地下水和土壤造成污染，污水池应设有进出水口和排污口，方便污水的进出和排放。此外，污水池应配备污水处理设备，如格栅、沉淀池、曝气池等，以确保污水得到有效处理，还应配备污水泵和管道系统，方便污水的输送和处理。

堆粪池的建设应遵循“方便收集、易于管理、无害化处理”的原则。堆粪池的设计应考虑肉牛粪便的产量和堆积密度，确保堆粪池的容积能够满足需求。堆粪池的容积可根据每头肉牛每日产生的粪便量来计算。一般来说，每头肉牛每日产生的粪便量约为十几千克至几十千克不等，具体取决于肉牛的品种、体重和饲养条件。根据养殖规模，可以计算出总的粪便产生量，从而确定堆粪池的容积。例如，如果养殖场存栏 100 头肉牛，那么每天产生的粪便量可能达到数吨至十数吨不等，因此堆粪池的容积应足够大以容纳这些粪便。堆粪池应采用砖混结构或钢筋混凝土结构，确保池体的坚固和耐用。池体应设有防渗层，防止粪便渗漏对地下水和土壤造成污染。堆粪池应设有顶棚或遮阳设施，以减少雨水对粪便的冲刷和污染。堆粪池应配备粪便收集设备，如铲车、拖拉机等，方便粪便的收集和运输。还应配备粪便处理设备，如堆肥发酵设备、干燥设备等，以实现粪便的无害化处理和资源化利用。此外，堆粪池应定期清理和消毒，以减少病菌和寄生虫的滋生。粪便应及时处理和利用，避免长时间堆积造成环境污染和臭气散发。

八、通道设施

通道设施的建设应遵循“宽敞、平坦、防滑、易清洁”的原则，确保肉牛在通道上行走时安全舒适，同时方便管理人员进行日常操作和清洁工作。主通道应宽敞笔直，宽度一般不低于 3 m，便于车辆（如饲料运输车、清粪车等）通行和操作。主通道应连接各个牛舍和主要功能区，形成流畅的交通网络。牛舍内通道应设在牛床与饲槽之间，宽度一般不低于 1.5 m，便于管理人员进行日常饲喂、清洁和观察工作。通道地面应略高于牛床，以防止积水。为确保在紧急情况下能够迅速疏散肉牛，应设置紧急通道。紧急通道应宽敞且标识明显，宽度不低于 2 m，确保在紧急情况下能够容纳人员和肉牛快速通行，规模化牛场赶牛通道见图 4-5。通道地面应采用坚固、防滑、易清洁的材料，如水泥、耐磨砖等。地面应平整无坑洼，以减少肉牛行走时的颠簸和摔倒风险。同时，地面应具有一定的坡度，便于排水和清洁。在通道地面易滑区域（如门口、转角等）应设置防滑垫或防滑条，以减少肉牛行走时滑倒的风险。在通道两侧或关键位置应设置防护栏，以防止肉牛跳出通道或发生意外碰撞。在关键位置应设置明显的标识和警示牌，如“紧急出口”“禁止吸烟”等，以提醒管理人员和肉牛注意安全。牛场应定期清洁和维护，确保地面无杂物、无积水、无异味。同时，应定期检查照明、通风和安全设施等是否正常工作，及时修复或更换损坏部件。

图 4-5　规模化牛场赶牛通道

九、其他

大型肉牛养殖场还需配备兽医室、配种室、工具间、维修间、装卸台、保定牛架（配种牛架）和地磅等。

第五章 粪污处理与环境保护

第一节 肉牛养殖场粪污处理原则

肉牛养殖会产生大量的粪污，如不进行合理的处理，不仅会对周围环境造成严重污染，影响周围居民及动物的健康，严重时甚至会传播疾病，威胁到人类和家畜的生命健康，牛场粪污处理需遵循以下几点原则。

一、减量化原则

1. 源头减量

通过采用清洁生产工艺、改进饲料配方、优化设施设备及引进先进管理理念等措施，减少畜禽生产过程中污染物的产生量。例如，优化精料配方或全价料替代经验自配料，提高营养全价性与平衡性，以减少单位牛饲料消耗量。

2. 过程控制

建立科学、完善的饲养管理制度，通过饲养管理技术手段减少粪污产生量和粪污中有害物质产生量。如以畜定草，充分利用全株玉米青贮料，分生长和生理阶段合理饲喂，控制精料喂量，配合长草保健瘤胃，温控降低应激等。

二、无害化原则

1. 固液分离

利用物理或化学方法，将粪污中的固形物与液体分开，以便于后续处理。固液分离后的干物质可用于牛舍垫料或其他用途，液体部分则进入后续处理环节。

2. 生物处理

采用好氧发酵、厌氧发酵等生物处理方法，利用微生物的代谢作用分解粪污中的有机物，杀灭病原体，实现无害化。例如，利用厌氧细菌对牛粪等有机物进行厌氧发酵产生沼气，发酵残渣可作为肥料。

3. 消毒处理

对粪污进行化学或物理消毒，以杀灭其中的病原体和有害微生物。常用的消毒剂有次氯酸等，消毒方法包括喷洒、浸泡等。

三、资源化原则

1. 肥料化利用

将无害化处理后的粪污作为有机肥料施用于农田，提高土壤肥力，改善土壤结构。例如，通过堆肥发酵处理将牛粪转化为优质生物有机肥。

2. 能源化利用

利用粪污生产沼气、生物柴油等可再生能源，为牛场提供电力或热能。这不仅可以减少能源消耗，还可以降低环境污染。

3. 基质化利用

将粪污作为食用菌栽培基质、蚯蚓养殖基质等，实现资源的循环利用。

四、环保达标原则

1. 合规处理

确保粪污处理过程符合国家和地方的环保法规和标准，不得随意排放未经处理的粪污。

2. 监测与评估

定期对粪污处理设施进行监测和评估，确保处理效果达到预期目标。同时，建立粪污处理记录，包括粪污清理时间和处理设施使用维修情况记录等。

规模化牛场粪污处理应遵循减量化、无害化、资源化和环保达标等原则，以实现粪污的有效处理和资源化利用，促进养牛业的可持续发展。

第二节 家庭牧场粪污处理

肉牛家庭牧场通常规模较小，且分布相对分散，这使得粪污处理在集中处理和资源化利用方面面临一定挑战。肉牛粪污中含有丰富的有机质和养分，具有较高的资源化利用潜力。通过堆肥发酵、厌氧消化等处理方式，可以将粪污转化为有机肥料或生物能源，实现资源的循环利用。相对于大型牧场，肉牛家庭牧场在技术和设备投入方面可能较为有限。因此，在选择粪污处理方法时，需要充分考虑经济性和适用性，选择成本较低、操作简便的处理方式。

粪污处理方法主要包括以下几种。

一、人工清粪与堆肥发酵

1. 人工清粪

利用铁锹、铲板、扫帚等工具将粪便收集成堆，然后人力装车运至堆粪场或直接施入农田。这种方法适用于小规模肉牛家庭牧场，无须设备投资，简单灵活，但工人工作强度大、环境差，工作效率比较低。

2. 堆肥发酵

将收集的牛粪送至堆粪场，进行堆积发酵无害化处理，使其转化为有机肥料。

堆肥过程中形成的高温能杀死各种病菌和虫卵，粪污中的多种成分能转变成植物生长需要的有效养分。具体操作包括在堆粪场铺一层细草以吸收下渗液体，然后将牛粪堆积成条垛状，表面用稀泥封好，定期翻堆，直至完全腐熟。堆肥处理粪污具有运行费用低、处理量大、无二次污染等优点。

二、机械清粪与刮粪板系统

1. 机械清粪

利用铲车、拖拉机等机械设备进行清粪，或者购买专用清粪车辆、小型装载机进行清粪。这种方法是从全人工清粪到机械清粪的过渡方式，适用于中等规模的肉牛家庭牧场。

2. 刮粪板系统

新建的家庭牛场粪污处理设施设备较为齐全，部分牛场采用了刮粪板系统，主要使用刮粪板清粪系统，该系统由刮粪板和动力装置组成。清粪时，动力装置通过链条带动刮粪板沿着牛床地面前行，将地面牛粪推至集粪沟中或牛舍边。这种设备投资不高，能随时清粪，机械操作简便，工作安全可靠，且对牛群的行走、饲喂、休息不造成任何影响。

第三节　中小型养殖场

相较于大型集约化养殖场，中小型肉牛养殖场的养殖规模较小，因此产生的粪污量也相对较少。这在一定程度上降低了粪污处理的难度和成本。随着环保意识的提高和环保法规的日益严格，中小型肉牛养殖场在粪污处理方面也越来越注重环保和可持续性。他们开始积极寻求更加环保、可持续的粪污处理方式，以减少对环境的污染和破坏。由于资金和技术等方面的限制，中小型肉牛养殖场在粪污处理方面的技术和设备投入可能相对较少。因此，在选择处理方式时，会充分考虑经济性和实用性。中小型肉牛养殖场粪污处理与资源利用的常见方式主要包括以下几种。

一、常见粪污处理方式

1. 人工清粪与堆肥发酵

人工利用工具将粪便收集并运至堆粪场，进行堆积发酵处理。这种方法无须复杂设备，但劳动强度大，适合小规模养殖场。堆肥过程中形成的高温可杀死病菌和虫卵，转化为有机肥料。

2. 机械清粪与漏粪板系统

使用机械设备或漏粪板系统清理粪便，提高清粪效率。机械清粪适用于中等规模养殖场，可减少人工劳动强度。漏粪板系统能随时清粪，对牛群活动影响小。贵州山区中小型肉牛养殖场配有漏粪板式牛圈，见图 5-1。

图 5-1　漏粪板式牛圈建设

3. 固液分离与沼气池厌氧处理

通过固液分离设备将粪便分为固体和液体两部分。固体部分进行堆肥发酵或制作生物质燃料。液体部分进入沼气池进行厌氧处理，产生沼气作为能源利用。

4. 污水处理车粪污处理

使用污水处理车进行粪污处理，具备垃圾自动分离、渣液分离、污水净化等功能。

处理后的干粪可直接装袋用于园林绿化等用途，污水则净化为清水排放。

二、常见的粪污资源化利用

1. 有机肥料生产

将堆肥发酵后的粪便作为有机肥料施用于农田或园地。提高土壤肥力，促进农作物生长，减少化肥使用量。

2. 生物质燃料制作

将固体粪便进行干燥、粉碎等处理，制作生物质燃料（如生物质颗粒）。可作为替代能源，减少对传统能源的依赖。

3. 沼气能源利用

通过沼气池厌氧处理产生的沼气可作为能源利用。用于养殖场内的照明、取暖、炊事等，降低能源成本。

4. 种养结合模式

将养殖场与农田、园地等农业资源相结合，形成种养结合模式。粪便作为有机肥料施用于农田，农作物秸秆等可作为饲料喂养肉牛，实现资源循环利用，提高农业综合效益。

第四节 大型养殖场

大型肉牛养殖场由于养殖数量多，产生的粪污量也相对较大。因此，需要采用高效、快速的粪污处理技术，以确保处理效率和效果。这通常包括机械化清粪、固液分离、厌氧消化等先进技术，以实现粪污的快速处理和资源化利用。为了实现高效、快速的粪污处理和资源化利用，以及资金较为充沛，大型肉牛养殖场往往配备完善的处理设施和设备，主要包括机械化清粪设备、固液分离设备、厌氧消化设备、有机肥生产设备等，这些设施和设备需要具有高效、稳定、可靠的性能，以确保处理效果和资源化利用的效率。

此外，大型肉牛养殖场的粪污处理与资源化利用工作通常需要得到政策支持和技术指导，政府可以出台相关政策，鼓励和支持养殖场进行粪污处理和资源化利用，提供资金补贴和技术指导。同时，科研机构和技术专家也可以为养殖场提供技术支持和咨询服务，帮助解决技术难题，提高处理效率和资源化利用水平。

一、肥料化利用

（一）堆肥发酵法

大型牛场产生的固体粪便较多，且希望将其转化为高品质有机肥的场合。先进行预处理，对牛粪进行固液分离，去除其中的杂质和多余水分。将预处理后的牛粪与适量的秸秆、稻壳等辅料混合，调节堆肥的碳氮比和水分含量，然后进行好氧发酵。发酵过程中需定期翻堆，以保证氧气供应和发酵均匀。待腐熟发酵完成后，将堆肥进行腐熟处理，以提高其稳定性和肥效。最后，根据需要进行破碎、筛分和包装等后处理工序，制成商品有机肥。规模化牛场牛粪堆肥发酵见图 5-2。

图 5-2　规模化牛场牛粪堆肥发酵

（二）厌氧发酵法

大型牛场产生的粪污量较大，且希望同时实现能源回收和肥料生产的场合。先将牛场产生的粪污集中收集，并进行预处理，如固液分离、调节 pH 值等。将预处理后的粪污送入厌氧发酵罐中，在缺氧条件下进行发酵。发酵过程中会产生沼气、沼液和沼渣。沼渣富含有机质和微量元素，可作为优质肥料施用于农田。同时，沼渣还可以进一步加工成有机肥或复合肥。

水肥一体化法牛场产生的粪水较多，且周边有灌溉需求的农田。可先将牛场产生的粪水进行无害化处理，如氧化塘处理、厌氧发酵等，以去除其中的有害物质。在农田施肥和灌溉期间，将无害化处理的粪水与灌溉用水按照一定比例混合，通过滴灌、喷灌等方式进行施用。这种方法可以实现水肥同步供应，提高肥料利用率和灌溉效率。

二、能源化利用

大型养殖场资金基础较为雄厚，有能力建设沼气池、热能转换等设备装置，可将产生的大量粪污转化为能源，进行循环利用，提高循环经济效益。

（一）沼气生产

大型牛场中沼气池包括粪污收集系统、预处理设备、厌氧发酵装置、沼气储存与净化设备和沼气发电设备等装置，将肉牛产生的粪污定期收集到粪污暂存池中。使用固液分离机将粪污分离为固体和液体两部分。固体部分可作为有机肥料或牛床垫料使用；液体部分则进入调节池进行预处理。将预处理后的液体粪污送入厌氧消化器进行发酵。发酵过程中，需控制温度（35～55℃）、pH 值、搅拌速度等参数，以确保微生物的正常活动和沼气的稳定产生。产生的沼气首先进入沼气储气柜进行储存。然后，沼气经过脱硫塔、脱水装置等净化设备去除杂质，提高质量。净化后的沼气可用于发电，满足养殖场的用电需求。剩余的沼气可以上网销售，作为可再生能源的一种。发酵后的沼渣富含有机质和微量元素，可作为有机肥料使用。沼液则返回牛舍或农田进行再利用，实现资源的循环利用。值得注意的是沼气生产过程中存在易燃易爆的风险，需加强安全管理。设置安全警示标志和消防设施，确保人员安全。沼气生产过程中产生的废水、废气等需符合环保要求。定期对排放物进行监测和处理，确保不对环境造成污染。

（二）有机肥料生产中的能源回收

在将牛场粪污转化为有机肥料的过程中，也可以回收部分能源。例如，在堆肥发酵过程中，可以利用发酵产生的热量进行热能回收；在沼气生产过程中，除了沼气本身外，还可以利用发酵过程中产生的余热进行供暖或热水供应。这种能源回收方式可以进一步提高牛场粪污的资源化利用效率，降低处理成本。规模化牛场有机肥生产车间见图 5-3。

图 5-3　规模化牛场有机肥生产车间

三、基质化利用

粪污基质化利用的原理主要是利用牛场粪污中的有机物和营养成分，通过堆肥发酵等生物技术手段，将其转化为稳定、无害且富含养分的有机基质。这种基质不仅具有良好的物理性状和化学性质，还含有丰富的矿质元素和微生物群落，能够为植物提供全面的营养支持。可用于牧草、蘑菇等经济作物的种植，或者蚯蚓的养殖当中，是循环经济的重要组成部分。这种利用方式可以将牛场粪污转化为有机基质，实现了资源的再利用，减少了环境污染。有机基质富含养分和微生物群落，能够改善土壤结构，提高土壤肥力和保水能力。有机基质为作物提供了全面的营养支持，促进了作物的生长和发育，提高了产量和品质。通过销售有机基质和栽培经济作物，可以实现经济效益的提升。

大型牛场应建立完善的粪污收集系统，确保粪污能够及时、完整地收集起来。对收集的粪污进行预处理，如固液分离、去除杂质等，以提高后续处理的效率。粪污干湿分离装置见图 5-4 和图 5-5。将预处理后的粪污与其他有机物料（如农作物秸秆、蘑菇菌渣等）混合，进行堆肥发酵。堆肥过程中，应控制温度、湿度、通气量等参数，以促进微生物的生长和繁殖，加速有机物的分解和转化。发酵完成后，将堆肥进行破碎、筛分等处理，制备成符合要求的有机基质。根据作物的需求和基质的性质，可以添加适量的无机肥料或微量元素，以提高基质的肥效。

图 5-4　牛场排尿沟建设

图 5-5　牛场粪污干湿分离装置

在基质制备过程中需要注意：在堆肥发酵和基质制备过程中，应严格控制质量，确保基质的稳定性和无害性。在粪污收集、处理和利用过程中，应加强环境管理，防止二次污染。同时要对从事粪污基质化利用的人员进行技术培训，提高其操作水平和环保意识。

四、发酵床养殖

1. 发酵床

主要利用秸秆、谷壳、木屑及多种农林剩余物，依据特定配比混合，并融入发酵微生物制剂，构建成一种特殊的卧床材料。该材料铺设于牛栏地面，经由定期的人工翻动或肉牛的自由践踏，促使排泄物与卧床材料混合并发酵，同时实施周期性的替换或清理作业，确保牛栏环境的卫生状况。近年来，这一养牛模式在新建的规模化肉牛育肥设施中得到了广泛应用，并展现出快速发展的势头。

2. 制备流程

首先，需将固态发酵促进剂浸泡于约 38℃温水中约 1 h，以激活微生物菌种，随后加入液态菌种，并与玉米粉或麦麸充分混合。接着，将含菌的麦麸或米糠与预先备好的木屑、稻壳、秸秆等混合均匀，其间逐步喷水，维持垫料水分在 30% 左右。之后，将调湿后的垫料于养殖区内堆成梯形，并用编织物或草席全面覆盖，依据季节差异，夏季需发酵 3～5 d，冬季则需 7～10 d。最终，将发酵完成的垫料均匀铺展于牛栏的垫料坑内，表面覆盖一层约 5 cm 厚的干净细木屑，静置 24 h 后即可投入使用。

3. 产热机制

在锯末、稻壳、秸秆等垫料的辅助下，功能微生物能够分解牛的排泄物，转化为菌体蛋白、多糖、单糖、粗蛋白、氨基酸、微量元素及维生素等有益物质，此过程伴随大量热量的释放。产热途径主要包括：一是垫料中的木质素、纤维素及半纤维素等大分子，在微生物作用下裂解为如丁香酸、原儿茶酸等芳香酸及葡萄糖等小分子，此生化过程释放大量热能；二是相较于水泥地面，发酵卧床的垫料因其优异的吸水性，能迅速吸收排泄物，有效保留水分与热量；三是微生物的自身增殖活动亦产生大量代谢热。发酵卧床养殖模式的优势在于减少粪便堆积空间，通过垫料的处理流程（搅拌、铺设、翻动、清理等）显著降低运营成本及人力需求；同时，牛场可实施雨污分流，发酵后的排泄物作为有机肥料回归农田。然而，该模式也面临牛舍面积需求增加、初期固定资产投资加大、垫料与菌种额外采购成本，以及冬季垫料发酵效率受低温影响需补充干垫料等问题。

发酵卧床的垫料厚度，一般建议维持在 40～90 cm，也可初期铺设 15 cm，后续根据实际需求逐步添加。初期垫料以秸秆、谷壳、木屑为主，每头牛约需 4 m^3，后期则可混入 70%～80% 的发酵牛粪以降低成本，是否额外添加菌种需依据养殖密度、季节变化及垫床湿度等因素灵活调整。

第六章 肉牛饲养管理技术

第一节 养殖环境管理

一、温湿度与噪声控制

牛舍内温度应保持在 5～21℃，以促进肉牛的生长发育。湿度应保持在 55%～70%，避免湿度过大导致肉牛抗病能力下降或湿度过低导致尘埃量增加。牛舍内外的噪声应控制在合理范围内，白天不超过 90 dB，夜间不超过 50 dB。避免使用高音喇叭、机器轰鸣等产生噪声的设备。

二、环境卫生管理

经常清扫牛舍，确保地面无积水、无粪便残留。清扫时，要特别注意清理死角中的污水和脏泥。定期对牛舍进行全面消毒，特别是在疫情高发期，应增加消毒频次。消毒时，可使用生石灰、氢氧化钠、甲酚皂、来苏儿等消毒剂，按照说明书要求的浓度进行配制和使用。保持牛舍内空气流通，安装通风设备，如风扇或通风窗，以减少有害气体和湿度的积聚。确保牛舍采光良好，自然光不足时，应使用人工光源进行补充。保持牛舍内适宜的湿度和温度，避免过于潮湿或干燥的环境。湿度过高时，应及时通风换气并清理积水；温度过低时，应做好保暖措施。在喂料、打扫等操作时，注意避免粉尘飞扬，可采用洒水、喷雾等方式降低粉尘浓度。

每天清理牛粪，并将其运送到远离居民区和养殖舍的固定地点进行堆积发酵处理。堆积发酵过程中，应覆盖塑料布或土壤以防止蝇虫滋生。发酵后的牛粪可作为有机肥料用于农田施肥或沼气发电等用途。对于牛舍产生的污水，应建设污水处理设施进行处理，达到排放标准后再进行排放。定期清除牛场周围的杂草，减少蚊蝇等害虫的滋生。使用物理、生物或化学方法防治虫害，如设置灭蚊灯、使用生物农药等，特别注意防治牛体寄生虫病，定期进行驱虫处理。

三、饲料与饮水管理

饲料应存放在干燥、通风、防鼠防虫的地方，避免受潮霉变。定期清理饲料槽，防止饲料残渣积累导致细菌滋生。确保饮水清洁无污染，定期清洗饮水槽和水管，饮水槽的水位不宜过高，以防溢出污染地面。

四、人员与车辆管理

养殖场工作人员应穿戴整洁的工作服和鞋帽，进入牛舍前应进行消毒处理。禁止非工作人员随意进入牛场，减少疾病传播的风险，运输车辆进入牛场前应进行彻底清洗和消毒处理，防止携带病原体进入牛场。

五、疫病防控与生物安全

定期进行疫苗接种和寄生虫驱虫工作。注意隔离新进牛只，防止疾病传播。场内不得饲养其他畜禽，防止交叉感染。食堂不得外购偶蹄动物生鲜肉及其肉制品，防止疾病传播。

技术人员应经过畜牧兽医专业知识培训，对病死牛只和相关废弃物进行无害化处理，防止疾病传播和环境污染。

第二节 犊牛饲养管理技术

一、犊牛的消化特点

犊牛出生后的一段时间内，瘤胃的功能尚未完全建立。此时，它们主要依赖真胃（皱胃）进行消化，这与成年牛以瘤胃为主的消化方式有所不同。因此，在犊牛的饲养管理中，需要特别注意饲料的种类和投喂方式，以促进瘤胃的正常发育。这段时期犊牛主要依赖母乳来获取营养。母乳中含有易于消化的营养成分，如乳脂、乳糖和乳蛋白等，这些成分能够满足犊牛生长发育的需要。随着日龄的增长，犊牛逐渐开始采食固体饲料，但初期仍以母乳为主。犊牛的消化过程是一个逐步适应的过程。在初期，它们可能无法完全消化某些饲料成分，但随着消化系统的发育和消化酶的增加，它们逐渐能够消化更多的饲料种类。因此，在犊牛的饲养过程中，需要逐渐引入不同类型的饲料，以帮助它们适应并建立良好的消化系统。

二、养殖管理技术

（一）初生犊牛的管理

犊牛出生后，首先要立即清除其口腔及鼻孔内的黏液，防止黏液妨碍犊牛的正常呼吸或吸入气管及肺内。如果犊牛吸入黏液造成呼吸困难，应握住其后肢倒提犊牛，拍打背部排出黏液，或用稻草搔挠小牛鼻孔，或冷水洒在小牛头部刺激其呼吸。如果犊牛已无呼吸但尚有心跳，应在清除黏液后将犊牛摆成仰卧姿势，头侧转，进行人工呼吸，直至犊牛能自主呼吸。在清除黏液后，如果犊牛的脐带尚未自然扯断，应进行人工断脐。方法是挤出脐带中的血液，在距离犊牛腹部 6～8 cm 位置处，两手卡紧脐带并揉搓，然后在揉搓处的远端用消毒过的剪刀将脐带剪断，挤出脐带中的黏液，并将脐带的残部放入 5%～10% 的碘酊中浸泡 2～3 min 进行消毒，防止感染。

（二）及时饲喂初乳

母牛产犊后 7 d 内分泌的乳称为初乳，初乳营养丰富且含有抗体，对犊牛具有重要的保护作用。犊牛能站立时即可喂给初乳，即生后 30～60 min，尽早为宜。因为初乳的成分是逐日变化的，某些成分含量在 2～3 d 内就急剧下降。确保初乳新鲜且无污染，按需饲喂，让犊牛充分摄取初乳。第一次初乳的摄入量最好保持在 1～1.5 kg，最好能够在 24 h 哺乳 3 次以上，总哺乳量达到 5.5～6.1 kg，如此能够保证犊牛获得较高的免疫力。

初乳期过后，可以开始饲喂常乳。常乳的饲喂时间可以根据犊牛的年龄和体重进行调整。常乳的饲喂量应根据犊牛的体重和日龄来确定。一般来说，每天喂量为体重的 1/7～1/6，每日喂 3～5 次。随着犊牛的生长，可以逐渐增加每次的喂奶量，并减少喂奶次数。饲喂时可以采用随母哺乳法，让犊牛与其生母在一起自然哺乳；也可以采用保姆牛法，将犊牛和保姆牛管理在隔有犊牛栏的同一牛舍，每日定时哺乳，如果条件不允许，还可以采用人工喂养的方式。

在饲喂犊牛时要确保饲喂工具的清洁卫生，避免细菌和病原体的污染。此外要定期观察犊牛的健康状况，包括体重增长、毛发状态、精神状态等，及时发现并处理可能存在的健康问题。

（三）犊牛的培育技术

1. 及早补饲

犊牛经 1 周初乳哺喂后，转入常乳哺喂。1 月龄内以常乳为主要来源，每日喂量占犊牛体重的 8%～12%；2 ～ 3 月龄为过渡阶段，喂乳量逐渐减少，饲喂草料量逐渐增加。

犊牛生后 1 周后开始训练吃干草，10 d 后训练吃干粉饲料。干粉饲料一般由麦麸、大麦、豆饼、玉米混合粉碎而成，再加少量预混料、盐。开始每日每头喂 15～20 g，以后逐渐增加，到 2 月龄时每日每头可吃食 500 g。此期还应训练犊牛吃多汁饲料和青贮饲料。

牛乳中虽然有大量水分，但不能满足犊牛正常代谢的需要。犊牛生后

1周后开始训练饮水，水温控制在37～38℃，经过10～15 d改为清洁凉水。

2. 日常护理

初生犊牛出生后10～15 d内单独饲养，以便个别照顾，防止感染疾病。犊牛栏内要勤打扫，定期消毒，保持清洁干燥。每天对犊牛进行巡检，观察其精神状态、粪便情况、喝奶和采食情况，及时发现并处理犊牛的健康问题，如腹泻、肺炎等。犊牛出生 14～30 日龄时去角，常用烙铁去角法，也可使用苛性钠等方法。在犊牛出生或半个月内剪去副乳头，以减少感染风险。当犊牛每天的精饲料采食量不少于 1.0 kg 时，即可考虑断奶。断奶过程应逐渐进行，避免断奶和转移犊牛同时进行。断奶后 1～2 周再考虑转群。

定期刷拭牛体，保持清洁，促进血液循环，同时调教犊牛，防止体外寄生虫侵害。日常管理中注意观察犊牛的精神状态、食欲、粪便、体温和行为有无异常。如犊牛轻度下痢，应减少喂乳量，乳中加 1～2 倍的温水；下痢严重时，应暂停喂乳 1～2 次，可喂温开水并加少量高锰酸钾溶液或碳酸氢钠溶液。

按照兽医指导的接种计划，为犊牛进行必要的疫苗接种，预防传染病的发生。

3. 断奶

犊牛断奶技术是养牛业中的一项重要环节，它关系到犊牛的健康成长和母牛的生产性能。传统断奶时间通常在 6 ～ 7 月龄进行断奶。早期断奶指在出生后35 d左右断奶，近年来随着科技的推广和养殖生产效益的提高，逐渐被广大养殖户接受并施行。早期断奶可以缩短母牛的配种间隔，减少母牛的营养需要量，延长繁殖母牛的使用寿命。放牧饲养条件下，犊牛的断奶一般都是在 4 ～ 6 月龄，肉用犊牛一般在 5 ～ 6 月龄断奶。较小或体弱的犊牛应延迟断奶在条件较好、饲料资源丰富的地区，犊牛 3 ～ 4 月龄断奶适宜；但在条件较差、饲料资源相对较贫乏的地区，最好推迟到 5 ～ 6 月龄断奶，以提高犊牛成活率。

断奶方法包括自然断奶法、一次性断奶法和逐渐断奶法三种。

自然断奶法：不推荐此方法，因为自然断奶过程可能较长，且不易控制。

一次性断奶法：将适龄犊牛突然与母牛分开，这种断奶方式简单粗暴，犊牛容易出现腹泻、消化不良等问题，适合较大龄犊牛断奶。

逐渐断奶法：将适龄犊牛白天与母牛分栏饲养，晚上并栏让犊牛吃奶，通过一段时间的适应再对犊牛进行完全断奶。此方法操作上虽然麻烦一些，但对犊牛应激小，为最佳的断奶方式。

第三节　母牛的养殖管理技术

一、育成期母牛

（一）分群管理

根据月龄和体重进行分群，月龄差异不超过 2 个月，体重差异不超过 25 kg，每群不超过 50 头。确保母牛在相似的生长阶段和体重范围内接受相同的管理和饲养标准，有利于统一管理和提高饲养效率。

（二）营养与饲养

1. 育成前期（6～12 月龄）

以优质粗饲料为主，营养较差的秸秆占比不超过粗饲料的 30%，同时适当补充精料，每天 1.5～2.5 kg，分两次饲喂。训练采食青贮饲料，由少到多逐渐增加到占粗饲料的 30%，并一直坚持饲喂。最好保证母牛每天日增重应达到 0.75 kg 左右。

2. 育成后期（13 月龄至初配前）

此阶段利用粗饲料的能力增强，提供青、粗饲料基本能满足营养需求，但需注意营养平衡，避免过肥或过瘦。视情况可适当补充精料，以满足母牛的生长和发育需求。

（三）运动与调教

每天保证至少2～3 h的运动时间，以促进生长、锻炼肌肉，避免难产。运动场应设水槽和食槽，保证充足的饮水量和饮食。每天至少刷拭全身一次，增进牛与饲养员的亲近感，有助于管理和调教。同时，刷拭可促进血液循环和皮肤代谢，使母牛健康成长。

（四）乳房管理

12月龄后每天用热毛巾擦拭乳房，并全面轻轻按摩1～2次，每次5 min，直至分娩前15 d停止，以促进乳腺发育。

（五）配种管理

根据品种和个体发育情况而定，一般西门塔尔牛与本地黄牛杂交后代需在18月龄以上、体重达400 kg以上。配种过早犊牛体弱、发育缓慢，过晚影响生产成本。母牛体况为七八分膘情、精神状态良好时以本交为好。

（六）健康管理

每头牛每月称重一次并记录，同时测量12月龄、18月龄的体尺及生长情况并记录存档，以作为种牛的依据。由于育成母牛活泼好动，蹄子易磨损，需在不同生长阶段进行必要的修蹄工作。

（七）疫苗接种与驱虫

整个育成期需进行必要的疫苗接种和1～2次驱虫，加强日常管理，发现异常及时处理，确保母牛的健康生长。

二、妊娠期母牛

（一）饲养管理

1. 妊娠前期（前 6 个月）

胚胎生长发育较慢，不必为母牛增加过多营养，保持中上等膘情即可。饲料以粗饲料为主，适当搭配少量精料。

2. 妊娠后期（最后 3 个月）

胎儿迅速发育，应进行重点补饲。增加精料的供给，确保母牛增重 45～70 kg。同时，注意补充矿物质、蛋白质和维生素，特别是在冬春枯草季节，要补充维生素 A，可用胡萝卜或维生素 A 添加剂。禁止喂养有毒性、剧烈刺激性、冰冻、变质、发霉的饲料，如酒糟等，以防止流产。饮水温度不低于 10 ℃，保持清洁、新鲜。饲料应先粗后精，即先喂粗饲料，待牛吃半饱后，再拌入部分精料或多汁料碎块，引诱牛多采食。

（二）日常管理

保持牛舍清洁、干燥、通风良好，避免有害气体产生，确保母牛身体健康。定期消毒牛舍及周围环境，保持空气新鲜。妊娠前期可进行适度运动，增强体质，促进消化，防止难产。但妊娠后期应减少运动，避免挤撞和猛跑，以防流产。放牧时避免与成年公牛混合，降低饲养密度，减少牛抢食饲料和相互顶撞的风险。临近产期的母牛应停止放牧，移入产房，由专人饲养和看护。观察母牛的分娩征兆，如阴唇松弛、肿大、充血，阴门有透明黏液流出等，准备接产工作。分娩后应立即给母牛饮温麸皮汤，用温水加麸皮、食盐搅拌均匀喂给，有条件可加红糖效果更好。按照疫苗接种计划进行接种，预防疾病发生。定期进行驱虫，保持母牛健康。定期检查母牛的健康状况，发现异常及时处理。对患病母牛进行隔离治疗，防止疾病传播。

三、哺乳期母牛

哺乳期母牛的养殖管理至关重要，这直接关系到母牛的产奶量、健康状况以及犊牛的生长发育。

（一）营养供给

哺乳期母牛需要更多的能量、蛋白质、钙、磷等营养物质，以满足产奶和自身恢复的需求。应提供优质的干草、青贮料、多汁饲料以及精料，确保饲料多样化，营养均衡。逐步增加精料的饲喂量，根据母牛的产奶量和身体状况进行调整，但需注意避免过量，以免导致母牛过肥。产后1～2 d应为母牛提供充足、清洁的温水，确保母牛随时都能喝到水。饮水质量对母牛的产奶量和健康状况有重要影响。还可以在饮水中添加适量的食盐，以维持母牛体内的钠钾平衡。

（二）乳房护理

观察乳头状态，并常对乳房进行清洁和消毒，防止乳房炎等疾病的发生。清洁和消毒要轻柔，使用合适的消毒剂，避免对乳房造成损伤。

（三）运动管理

鼓励母牛进行适量的运动，有助于增强体质、促进消化和提高产奶量。但需注意避免剧烈运动，以免对母牛造成应激。放牧时应选择适宜的牧场，确保母牛能够吃到新鲜、有营养的牧草。

（四）环境管理

保持牛舍的清洁、干燥和通风，为母牛提供一个舒适的生活环境。定期消毒牛舍和周围环境，减少病原体的滋生和传播。

（五）繁殖管理

掌握母牛的发情周期和发情表现，及时进行配种。根据母牛的产奶情况和身体状况制订合理的配种计划，确保母牛能够及时受孕并顺利分娩。

第四节　种公牛饲养管理技术

一、种公牛的生理特性

种公牛对周围环境和人具有较强的记忆能力。一旦接触过的事物或人，它们往往能够长久记住。这种特性使得种公牛在面对熟悉和陌生环境时，能够表现出不同的行为反应。种公牛具有很强的自卫性，当陌生人或不熟悉的人接近时，它们会立即表现出反抗或攻击的架势。这种防卫性有助于保护自身免受伤害。种公牛在性方面表现出强烈的反射能力。在采精过程中，它们的勃起反射、爬跨反射和射精反射都非常迅速，且冲力很猛。这种性反射的迅速性有助于确保种公牛在配种过程中的高效和成功。种公牛通常具有匀称的体型结构，外貌和毛色符合该品种的特性，雄性特征显著。这些体型特征不仅有助于提升它们的种用价值，还使得它们在牛群中更加显眼和易于识别。种公牛的生殖器官通常较为发达，睾丸粗大，附睾隐约可见，左右分界清晰。这些特征有助于确保它们能够生产出量多且优质的精液，从而满足配种和繁殖的需求。

二、种公牛的选择

（一）外貌特征

种公牛应体形结构匀称，体型高大，体质健壮，膘情中上等，腰角明显而不突出，肋骨微露而不显，垂肉显露而不丰。应符合品种要求，雄性特征突出，没有明显的外貌缺陷。雄性特征明显，生殖器官正常，两个睾丸大而对称，结构匀称，皮薄毛稀。睾丸的周长与睾丸的容积和产生精子的能力有强的正相关，因此睾丸的周径应在一定标准以上（如 33 cm 以上）。

（二）系谱记录

通过系谱记录资料是比较牛只优劣的重要途径，因此，引进的种公牛必须有详明的生产记录和系谱，记录必须详明，如生产性能、生长发育、鉴定等级等，至少三代清楚。种公牛的父、母必须要求是良种登记牛。若系谱中父系或母系双方出现共同祖先，还应进一步分析近亲程度。

（三）后裔测定

被测公牛系谱必须三代清楚，并按系谱指数的大小结合公牛本身的条件进行选择。同时，可根据后裔测定成绩进行选择种公牛，这是选择优良种公牛的主要手段和最可靠的方法。

（四）健康与遗传

种公牛应体质健壮，经检验无任何疾病。种公牛的遗传素质要高于母牛，有相同缺点或相反缺点的公母牛不能选配。在选择时，应尽量选择亲和力好的公母牛进行交配，并注意公牛以往的选配结果和母牛同胞及半同胞姐妹的选配结果。

（五）其他注意事项

在引进种公牛前，应将隔离舍彻底清洗、消毒并且空舍至少一周，备足草、料、防应激药物、常见疫病治疗药物等，安排好饲养管理人员及专业技术人员等。选择规模大、信誉度高、有种畜生产经营许可证、有足够的供种能力、售后服务较好且技术水平较高的种牛场。在运输过程中，应选择良好天气，对运输的车辆彻底消毒，并办理好检疫手续。到场后，用刺激性小的消毒药对种公牛的体表及运输用具进行彻底消毒，再用清水冲洗干净，进入隔离舍隔离饲养45～60 d，经再次检疫确定无病后才能合群饲养。

三、日常管理技术

大型养殖场通常会培育一批优质种公牛，供养殖场繁殖使用，以确保养殖场肉牛优质品种的延续，种公牛饲养管理直接关系到牛场的繁殖效率和经济效益。根据种公牛的营养需求，饲喂全价配方饲料，确保适口性强、易于消化。饲料应包含浓缩饲料、粗饲料和绿色饲料，以提供全面的营养价值。蛋白质饲料应占精料的20%～30%。定时、定量、定质饲喂，确保种公牛获得稳定且充足的营养。避免饲喂发霉变质的饲料，以免影响种公牛的健康和繁殖性能。提供清洁、充足的饮用水，确保种公牛随时能够饮水。定期检查饮水设施，确保其正常运行，防止饮水污染。另外，要定期对种公牛进行体检，监测其健康状况，及时发现并处理潜在的健康问题。

体检内容包括但不限于体温、心率、呼吸频率、体重等指标。按照兽医的指导，制订并执行科学的疫病防控计划，定期进行疫苗接种和驱虫处理，预防疾病的发生和传播。另外，种公牛需要一定的运动量来保持健康的体况和旺盛的性欲。每天安排适量的运动时间，如牵引散步或放牧等，避免过度运动导致疲劳或受伤。

种公牛的繁殖与配种管理如下。养殖场应选择体型结构匀称、外貌和毛色符合品种特性、雄性特征明显的种公牛进行繁育，确保种公牛具有良好的性欲和精液品质，以保证繁殖效率。根据种公牛的性欲和精液品质，合理安排配种时间和频率。在配种过程中，要确保种公牛和母牛的安全，避免发生意外。对于需要人工授精的种公牛，要定期采集精液，并进行品质检测。采集的精液应妥善保存，以确保其在后续繁殖过程中的使用效果。

第七章 肉牛育肥技术

第一节 放养结合育肥技术

家庭牧场养殖肉牛主要是圈养与放牧养殖结合的方式，这种养殖方式既高效又经济，能够充分利用当地资源，提升肉牛的生长性能和养殖效益。首先，牛舍应尽量建立在地势较高、干燥、土壤质量好、饲草资源丰富且交通相对便利的地方。这样的环境有利于肉牛的生长，能够减少疾病的发生，并降低饲料成本。同时，牛舍的设计需考虑温湿度、光照及空气质量等因素，为肉牛提供一个舒适的生长环境。

在春末到秋末这段季节，天气适宜，牧草茂盛，是放牧的最佳时期。此时放牧不仅可以节省饲料成本，还能增强肉牛的体质和骨架生长。利用贵州山区丰富的草场资源，选择无污染、草质优良的草地进行放牧。确保草场资源可持续利用，避免过度放牧导致草场退化（贵州山区牧场见图 7-1）。放牧前检查放牧地是否安全，去除放牧路径上的障碍物，整修险道，确保肉牛在放牧过程中的安全。如果放牧地离圈舍较远，可修建临时圈舍。临时圈舍应选址合理，避开水道、悬崖边等危险地带，并具备良好的排水条件。放牧期间需安排专人管理，观察肉牛的健康状况，防止发生意外。同时，注意天气变化，及时将肉牛赶回牛舍避雨或避风。可采用分区轮牧的方式，将牧地划分为若干小区，轮流放牧。这样可以减少牛群践踏，增加牧草恢复生长的机会，提高牧地利用率。放牧时间应合理控制，避免过长或过短。一般来说，夏秋季节是放牧的最佳时期，但也要注意天气变化，避免在突变天气下放牧。放牧时应迟出早归，中午不休息，顶风放牧比顺风放牧好，以减少体温散失并提高采食效率。放牧地应靠近水源，以保证肉牛有充足的饮水。水源（图 7–2）应清洁无污染，饮水设施应定期检查和维修。在牛群饮完水后，应立即赶离水源，避免污染。牧草中钾含量高而钠含量低，因此需要在放牧过程中补充食盐等矿物质。可以在水源附近设置矿物质舔食砖，让肉牛自由舔食。

图 7–1　贵州山区肉牛养殖围栏放牧场地

图 7–2　贵州山区肉牛放牧区水源

补料策略：白天放牧后，晚上回到牛舍需进行补料。补料时间应固定，以便肉牛形成条件反射，提高采食量。补料以秸秆、青草与精料搭配为主。秸秆经过氨化或微贮处理后，营养价值更高，更易于消化吸收。青草作为青绿饲料，可补充肉牛所需的维生素和矿物质。精料则提供能量和蛋白质，促进肉牛快速增重。微贮秸秆采用逐层拿取的方式喂食，拿取后需重新密封以保持饲料的新鲜度。初期可少量喂食，待肉牛适应后再逐渐增加喂食量。肉牛

图 7–3　肉牛饲喂

饲喂见图 7-3。

圈养管理：在放牧条件不足的冬季和春初或天气恶劣时，需采取圈养方式。圈养期间应注意以下几点。根据肉牛的生长阶段和营养需求，合理搭配饲料。夏、秋季以青草为主，春、冬季则以氨化、微贮、青贮秸秆饲料为主，并补充适量的精料，青贮饲喂见图 7-4。定时定量喂食，一般一日两餐，先精后粗或使用搅拌机把粗精料混匀饲喂。保持牛舍清洁卫生，定期消毒，减少疾病发生。定期为肉牛进行驱虫、防疫等工作，确保肉牛健康成长。

图 7-4　青贮饲料饲喂

结合圈养与放牧的饲养方案能够显著提高肉牛的生长速度和养殖效益。一方面，放牧降低了饲料成本，增强了肉牛的体质；另一方面，圈养期间通过科学补料和精细管理，促进了肉牛的快速增重。这种饲养模式不仅促进了地方经济的发展，还增加了农民的收入。

一、育肥前期

育肥前期是架子牛向肉牛强化育肥阶段转化的适应期，这段时期一般维持 15 d 左右，需要提高饲养管理技术，以确保肉牛后期的育肥效果。在这段时期的饲料搭配上，主要以优质的粗饲料为主，养殖户可选择环境状况良好的山地、草丛进行放牧，同时适当增加食盐的用量，并给予充足的洁净用水，给肉牛补充足够的水分，尤其是前期 1～3 d 的饮水情况，需要进行特别关注，一般情况下，第一次饮水量应控制在 10～20 L，第二次饮水量控制在 10～15 L，并且饮水时间最好在第一次饮水结束 3～4 h 后，令肉牛自由饮水，在饮水中加入适量的麦麸效果更好。

在肉牛饮够充足的洁净水以后，可以在第一次补饲时饲喂优质的干草，每头牛每次饲喂 4～5 kg 为宜，如饲喂肉牛青贮饲料，则可按每头牛 10～15 kg 饲喂，并且在第二天和第三天饲喂时，逐渐增加饲喂量，同时开始增加精饲料的饲喂量，在第四天左右，可以按照常规饲料配方进行饲喂。育肥前期精饲料可按照以下配方调制：玉米 60%，麦麸 12%，棉籽饼 11%，豆饼 11%，小苏打 1%，预混料 1%，瘤胃舒 0.2%（瘤胃舒有助于改善肉牛的瘤胃环境，提高饲料的利用率）。值得注意的是，饲喂 3～4 d 后开始提供精料，初期日粮中的蛋白质含量要达到 12%，以满足肉牛快速生长的需要，精饲料的投喂量应逐渐增加，初期可控制在 1.5～2 kg/d，随着肉牛的适应和生长速度的增加，可适当增加投喂量。

配方调整建议：根据肉牛的实际生长情况和饲料资源的可获得性，可以适当调整配方中各种饲料的比例。如果当地有丰富的青贮饲料或酒糟等副产品，可以将其纳入饲料配方中，以降低饲料成本并提高饲料的利用率。在饲料中添加适量的食盐和矿物质，有助于维持肉牛体内的电解质平衡和矿物质需求。

二、育肥中期

这一段时期也是肉牛育肥管理的过渡期，通常需维持 3 个月左右，在此阶段可以适当增加每次的饲喂量，确保肉牛每天摄入的饲料量能够达到自身体重的 1%～2%，并且摄入的蛋白质含量能够达到 11%。在天气情况良好的条件下，每天选择适宜的时间段进行放牧，选择地势较高、干燥、土壤质量好、牧草资源丰富且交通良好的地方作为放牧场地。在放牧过程中需要注意，控制放牧密度，根据草场的丰盛程度来确定放牧头数，注意观察肉牛的采食情况，及时补充饲料和水分，定期检查放牧场地，确保水源清洁、牧草充足。同时注意天气变化，及时采取措施应对极端天气，确保肉牛每天采食的粗饲料充足，能够满足肉牛育肥高速生长的需求。放牧结束后，根据肉牛的体重和营养状况进行补饲。补饲的饲料应以精料为主，配合适量的青贮饲料或干草。精饲料配方可参考以下配制：玉米 63%，麦麸 10%，豆粕 20%，小苏打 2%，预混料 5%。为提高肉牛的育肥速度，促进肉牛的健康发育，可以在精饲料中添加适量的瘤胃素等微生态制剂，一般可按照 40～60 mg/kg 精料进行混合饲喂，刚开始时饲喂量可低一些，随后逐渐提高添加量，但每头肉牛每天的摄入量最高不可超过 360 mg。

育肥中期还需要加强日常管理措施，确保牛舍环境卫生条件良好，每天最少对牛舍进行 1～2 次清扫，每隔 1 周消毒 1 次，并准备 2～3 种不同类型的消毒制剂轮换使用，进行消毒，以确保良好的消毒效果。定期对牛群进行全面的防疫检查，及时接种疫苗和驱虫，严格按照国家相关规定，制订疫苗免疫计划，并建立牛群健康档案，记录每头牛的健康状况和防疫情况。对牛群应按年龄、性别和生理状况进行分组，防止大欺小、强欺弱的现象发生。定期对牛群进行整群、修蹄、去角、驱虫等处理，确保牛群健康。

三、育肥后期

育肥后期又被称作肉牛快速催肥和强度育肥期，这段时期通常维持 45 d 左右，如饲养管理得当，肉牛育肥效果较好，则可提高肉牛体内脂肪的沉积率。其中高档部位肉“大理石花纹”和“雪花状”纹理就是在这个阶段产生的，因此这一时期的营养供应对肉牛十分重要，尤其需要注意及时调整日粮中能量和蛋白质的搭配比例，适当提高日粮中能量饲料的比例，降低蛋白质饲料的占比，如此可令肉牛肌肉和肌肉之间的脂肪快速蓄积，达到快速育肥的效果。这一阶段应在放牧基础上，根据肉牛的营养需求进行补饲，补饲的饲料应多样化，包括玉米、豆粕、麦麸等精饲料以及青贮饲料、青草等粗饲料，以满足肉牛对能量、蛋白质和粗纤维的需求，同时确保肉牛有足够的清洁饮水，特别是在炎热的天气条件下，应增加饮水次数，防止肉牛脱水。

通常这一时期肉牛日粮中蛋白质的含量需要达到10%以上，每天日粮的摄入量保持在肉牛体重的1%～1.6%为宜。可按照以下配方配制：玉米56%，棉籽饼10%，麦麸8%，青贮玉米秸秆24.5%（以干物质计），食盐0.5%，碳酸氢钠0.5%。当前牧场大多数养殖户采取每天饲喂2次的方式，在山区放牧地区，每天晚上需进行1次补饲，通常补饲的顺序为：先饲喂粗饲料，再饲喂精饲料，最后提供清洁的饮用水饮用。每次饲喂时可采取"少添勤喂"的饲喂策略。尤其要注意，肉牛早晨的采食量大，因此第一次投喂时应加大投料量，晚上最后一次投喂时，也应加大投料量，如此可避免肉牛之间因争夺饲料而发生顶撞打架的问题，精饲料的添加量应保证在圈养总量的30%左右。投喂时间最好选在早晨的6:00—8:00，以及下午的16:00～18:00。在肉牛育肥出栏的前35 d，可完全改为圈养，每天投喂的精饲料量应保持在圈养总量的70%左右，值得注意的是，在肉牛育肥后期禁止随意更换饲料。

总之，肉牛育肥后期放牧需要注意的事项涉及放牧场地的选择、饲料管理、健康监测与管理、放牧时间与密度、管理与记录以及其他注意事项等多个方面。只有全面考虑这些因素并采取相应的措施，才能确保肉牛的健康生长和育肥效果。

第二节 直线育肥技术

肉牛直线育肥技术，也叫持续强度育肥，是一种高效的肉牛养殖方法。它利用牛早期生长发育快的特点，在犊牛断奶后直接进行持续不间断的强度育肥，使肉牛在短时间内达到理想的屠宰体重。

前期：一般为1个月左右，主要是让犊牛适应育肥的环境条件，日粮中精粗饲料比为35∶65，粗蛋白水平为13%。

中期：6～7个月，日粮中精粗饲料比调整为45∶55，粗蛋白水平为

11%～12%。

后期：2 个月左右，日粮中精粗料比进一步调整为 55：45，粗蛋白水平为 10%。

一般经过 13～24 个月的育肥期后，肉牛的体重可达 500～650 kg 以上，此时可以出栏。贵州省的肉牛约有 70%～80% 都属于青年牛，适用于这种育肥方法，尤其是在大型养殖场内适合进行舍饲强度育肥。肉牛舍饲强度育肥通常分为三个阶段：过渡期、育肥前期和育肥后期。过渡期是新购断乳犊牛适应环境的阶段，通常持续 1～1.5 个月；之后的育肥前期一般需 8～10 个月，这是快速增重的关键阶段；育肥后期则在育肥前期后，持续 3～8 个月，为肉牛脂肪沉积做准备，肉牛达到膘肉丰满后可适时出栏。

一、分群管理

过渡期要求对引进的断奶犊牛进行隔离观察，以帮助其适应新环境。饲养时应关注牛的精神状态和进食、排便情况，并及时处理异常情况。为了确保良好的育肥效果，过渡期结束后应根据年龄、品种和体重对牛群进行分组，建议在傍晚进行，以减少应激反应，并随时监测分群情况。

二、日常管理

牛舍内地面和墙壁应使用 2% 火碱溶液进行喷洒消毒；器具则可用 1% 新洁尔灭或 0.1% 高锰酸钾溶液消毒。适度的运动有助于增强肉牛体质，提高消化吸收能力和食欲，而过量运动则会增加能量消耗，影响育肥效果。围栏散养的方式较为理想，每头牛占用 6～8 m^2 的空间。应每天清扫牛舍两次，清理粪便，保持环境卫生，并每 15 d 对地面及用具进行消毒。定期刷拭牛体能促进血液循环，提升采食量。犊牛断奶后需驱虫一次，半个月内再驱虫一次。可选择虫克星、左旋咪唑和阿维菌素等药物。对育肥牛使用阿维菌素时，每 100 kg 体重需 2.0 mg，左旋咪唑为 0.8 g，别丁则为 6.0 g。驱虫后应连续 3 d 给予健胃散，每天 500 g/头。

三、科学饲喂

在大多数大型肉牛养殖场，通常采用自由采食的饲喂方式，每日进行2～3次喂养，喂养顺序一般为草料优先、精料其次，最后提供饮水。这种饲喂方式能够满足肉牛根据自身营养需求进行采食，从而确保充足的饲料摄入。同时，由于牛只的采食时间各异，能够有效减少食槽的负担。添加瘤胃素可以显著提高肉牛的日增重，提升幅度约为17.1%。通常在精料中添加50 mg/kg的瘤胃素，每头牛每日饲喂量为150～200 mg。

四、温度管理

肉牛对温度的耐受性表现出较大的差异，其耐热性较差而耐寒性较强。温度对肉牛的育肥效果影响显著：当温度低于7℃时，饲料消费量可能增加2%～25%；而当温度高于27℃时，采食量则会下降3%～35%，导致增重减缓。当育肥牛舍温度降至4℃以下时，应采取保暖措施；而当温度超过27℃时，需要进行降温处理。在15～25℃的环境中，肉牛表现出较高的生产效能。夏季高温不但延长了育肥期，还会降低饲料消化率，导致免疫力下降和日增重显著减少。

热应激是肉牛增重下降的主要因素之一。在高温环境下，肉牛的采食受到抑制，导致饲料摄入量减少，进而降低代谢率，抑制生长。热应激还会影响肠胃消化能力，使饮水量增加，从而减缓肠胃内容物的运动，导致饲料消化率明显降低。长期高温暴露将进一步削弱牛的免疫系统，易造成疾病，影响产肉率，降低牛肉品质。

五、疫病预防

在大型养牛场，通常通过实施预防性免疫接种、定期疫情调查和加强疫病监控来阻断疾病的传播。同时，通过强化饲养管理，提升肉牛对传染病的抵抗力，也是重要的防范措施。

第三节 架子牛育肥

架子牛分为小架子牛和大架子牛。小架子牛即断奶之后到1岁的牛，大架子牛是从1岁到2岁半的牛，部分地区把3～4岁的老牛也称为架子牛。这种牛育肥成本相对较低，经济效益较高，是贵州省应用最广的育肥方式。架子牛的优劣会直接影响到后期育肥效果的好坏，因此选择优质的架子牛至关重要。应优先选择遗传性能良好、体型健壮、年龄适宜的架子牛进行育肥，最好选购国外优良肉牛、乳肉兼用品种与我国本地黄牛杂交所产的杂交牛，这样的牛只生长速度快，饲料报酬高。贵州地区架子牛育肥通常选择西杂牛、利杂牛、安杂牛和夏杂牛进行育肥。年龄和体重也是影响架子牛育肥的关键因素之一，犊牛出生后到24月龄是肉牛快速生长的时期；14～24月龄是肉牛机体内部脂肪沉积的高峰期。养殖场可根据肉牛培养的目的来选择肉牛的体重，同时结合当前的价格情况综合考虑肉牛育肥情况。

一、架子牛的运输管理

从外地购牛时，首先要了解产地有无疫情，并作检疫。重点调查牛口蹄疫、黏膜病毒病、结核病、布鲁氏菌病、焦虫病等流行情况，以及计划免疫情况，确认无疫情时方可购买。

1. 体质评估

挑选膘情中上等、健康的架子牛，避免选择体质瘦弱或生病的牛进行长途运输。了解架子牛原产地的气温、饲草料品种、饲料质量、气候等环境因素，做好与养殖地情况的对比，以便做好运输和饲养的准备工作。选择高护栏敞篷车，护栏高度不低于规定标准，车内应使用防滑垫板或铺垫干草、草料等，以防牛滑倒或摔倒。根据架子牛的头数和体重选择合适的车型，确保运输过程中的安全和舒适。运输前喂料要适量，避免架子牛吃得过饱。饮水要控制，装车前2～3 h停止或减少饮水，防止运输途中因饮水过多而引发不适。为了减少长途运输带来的应激反应，可以在运输前在饮水中添加电解多维、葡萄糖等抗应激药物。

2. 长途运输时，宜选择春秋两季、风和日丽的天气进行

冬季运输要做好防寒保暖工作，夏季运输要搭凉棚、遮阳网等防暑降温设施。押车人员应了解牛的习性，肢体语言温和，操作适度。在运输过程中，押车人员要时刻注意架子牛的状态，特别是上下高速路口的盘旋道或崎岖的山路上，发现跌倒的牛要及时扶起，避免相互踩踏。在刚开始运输时应控制车速，让架子牛有适应过程。运输途中要保持匀速行驶，避免紧急刹车或急转弯等操作。若运输路途较长，应中间休息一次，给架子牛饮水和适当活动。

二、新进架子牛到场管理

架子牛进场前 7～14 d 需要对养殖场内外进行彻底的清洗、消毒，常用的消毒剂有 2% 的火碱溶液和 0.1% 的高锰酸钾溶液等。架子牛到达目的地后，应进行健康检查，将病牛隔离饲养，并做好记录。对于没有育肥价值的病牛，应及时屠宰处理。架子牛到场后不要立即饮水，应充分休息 3～4 h 后再提供温水（夏天饮凉水），初次饮水时，每头牛的饮用量最好控制在 15～20 L，可在饮水中添加 100 g 食用盐，用于补充机体电解质，严禁出现暴饮的情况；在第一次饮水间隔 3～4 h 后，可进行第二次补水，可为架子牛提供适量的麸皮水；此后间隔 2～3 h，可进行第三次补水，此时可令架子牛自由饮水。

1. 饲喂管理

充分补水后可为架子牛供给优质的干草、青贮等粗饲料自由采食，精料的饲喂要看排粪情况，初期只能供给体重 1% 的量，以后逐渐增加，进场 5～6 d 后可令架子牛自由采食。过渡期结束后架子牛便进入了正式育肥阶段饲养。

2. 日常管理

待牛群稳定后需要根据体重、健康情况对牛群进行分群管理，注意观察牛群是否出现打架现象，如有需及时处理。架子牛卸下 3 d 后采食量恢复正常时，应及时进行肠胃驱虫。一周后按剂量皮下注射驱虫药进行体表驱虫。根据养殖场的防疫程序进行免疫接种。架子牛在运输后的一段时间内需要适应新的饲养环境，饲养员应密切观察其采食、饮水、排便等情况。根据架子牛的适应情况和生长速度，及时调整饲料配方和饲养管理策略。最后，需要对引进的架子牛进行编号管理，同时做好称重和档案记录工作，以便于后续的饲养管理。

三、架子牛的育肥计划

架子牛进入快速育肥阶段后，可采取自由采食和限制采食两种饲喂方式进行育肥。自由采食，即让肉牛在不受限制的情况下自由采食饲料，需要为架子牛提供充足且营养均衡的饲料，包括粗饲料（如青贮饲料、干草等）和精饲料（如玉米、大麦、豆粕等）。饲料应存放在干燥、通风、防鼠虫害的地方，并定期检查和更换，以确保饲料的新鲜度和质量。并且为肉牛提供清洁、新鲜的饮水，水槽应定期清洗和消毒，以防止水源污染。饮水设备应易于肉牛接近，确保每头牛都能随时饮水。这种育肥方式的缺点是容易造成浪费，导致粗饲料的利用率下降，增加饲料成本。

限制采食，即人为地控制肉牛的采食量，通常用于调整肉牛的体况或控制其生长速度。根据肉牛的体重、生长阶段和营养需求，精确计算每头牛的饲料供应量。将饲料分成几顿进行投喂，每顿之间保持一定的时间间隔，以确保肉牛有充分的消化和吸收时间。根据肉牛的消化能力和营养需求，选择适宜的饲料种类和比例。粗饲料和精饲料应合理搭配，以提供全面的营养支持。这种饲喂方式缺点为，无法充分发挥架子牛的生长优势，并且容易造成劳动浪费，在大型养殖场不易实行，还增加了肉牛之间争抢饲料而打架的概率。引进架子牛的育肥计划可参考表 7-1。

表 7-1　引进架子牛的育肥计划

体重/kg	过渡期		育肥前期		育肥后期	
	时间/d	日增重/g	时间/d	日增重/g	时间/d	日增重/g
300	15	800～900	120	1 000～1 200	120	1 100～1 250
350	15	800～900	60	1 200～1 300	90	1 150～1 250
400	15	900～1 000	—	—	90	1 200～1 300

第四节　高档肉牛育肥

贵州地区具有天然的肉牛品种优势，同时大型养殖场具备生产高档肉牛的能力，这也是贵州省提高肉牛及其产品市场竞争力的巨大体现。

雪花牛肉的肌肉纤维之间分布着十分明显的脂肪组织，使得肌肉切面呈现出清晰的红白相间的花纹，这种纹路酷似大理石，因此也被称为“大理石状”牛肉。这种独特的纹理是雪花牛肉最显著的特点之一，使其在众多牛肉品种中脱颖而出。雪花牛肉的肉质细腻，口感鲜嫩，入口即化，给人一种十分美妙的体验。其脂肪含量适中，不会过于油腻也不会过于清淡，恰到好处地平衡了口感与风味。同时，雪花牛肉的肉质结构肥瘦相间，没有筋膜，使得口感更加嫩滑。雪花牛肉含有大量人体所需的脂肪酸，而且随着牛肉里脂肪含量增高，胆固醇的含量反而下降。与普通牛肉相比，雪花牛肉的营养价值更高，富含优质蛋白质和多种矿物质及维生素。但产量稀少且珍贵，一头牛身上的雪花部分，一般只分布在牛的眼肉、上脑、外部脊肉上。一头牛能大概产出 200 kg 牛肉，而雪花牛肉最多也就 10 kg，可见其珍贵程度。因此，雪花牛肉在市场上往往价格较高，是消费者追求高品质生活的选择之一。

选用能够生产大理石状牛肉的专用品种，如国内的晋南牛、秦川牛、鲁西牛、南阳牛等，以及国外的安格斯、海福特、和牛、短角牛等。这些品种在适宜的饲养条件下，能够形成高品质的雪花牛肉。选择 2～3 周岁的牛进行育肥，此时牛的脂肪沉积能力较强，有利于形成雪花牛肉。不同性别的牛在脂肪沉积上存在差异，母牛沉积脂肪最快，阉牛次之，公牛最慢。但公牛在肉质和饲料转化率上可能具有优势。因此，在选择时需要根据实际情况进行权衡。饲料是育肥牛出好雪花的关键因素。应根据牛的年龄、性别、体重和生长阶段进行合理搭配，确保蛋白质、碳水化合物、维生素、矿物质等营养成分的均衡摄入，在雪花牛肉生产过程中应尽量降低饲料中 β-胡萝卜素的含量，使其在肉牛脂肪组织中大量沉积，导致体脂变黄而影响肉牛的评级。为促进肉牛育肥过程中“大理石纹”的形成，可在饲料中添加适量的硒元素，并且有机硒的效果要优于无机硒，其能够与过氧化氢酶以及超氧化物歧化酶进行协同作用，分解机体内的过氧化物，从而提高牛肉的品质。在育肥的最后阶段，可以适当提高日粮的能量水平，以促进脂肪的沉积。同时，要注意饲料的品质和卫生，避免使用发霉变质的饲料。

第八章 遗传与繁育技术

第一节 肉牛遗传改良计划

一、种质资源保护

贵州省农业农村厅及地方政府高度重视肉牛种质资源保护工作，认识到其对于推动肉牛产业高质量发展、保障农业遗传资源多样性具有重要意义。通过加强宣传和培训，提升了农民和养殖企业对肉牛种质资源保护的认识和重视程度。

（一）保护措施的落实

贵州通过第三次全国畜禽遗传资源普查，摸清了本地肉牛种质资源的数量和分布情况。针对关岭牛、思南牛、威宁牛、黎平牛、务川黑牛等地方特色黄牛品种，建立了详细的资源档案。建立肉牛保护体系，投入大量资金用于建设黄牛保种场，完善保种基础设施。同时，建立了责任体系，压实了保种责任。目前，已建成5个地方黄牛保种场，并认定了相应的资源保护单位。例如关岭县在关岭牛品种资源保护方面做了大量工作，取得了一定的成效。掌握了大量关于关岭牛的第一手资料，在关岭牛保种和选育提高方面积累了一定的经验，培养了一批业务技术干部，为关岭牛保种及开发利用打下了较好的技术基础。其经常与贵州省农业科学院、贵州大学、安顺农业科学院以及省、市的养牛专家开展合作，对技术人员和保种区的养牛农户开展技术培训，不断提高他们的科学文化素质和实际操作能力。此外，贵州通过采集制作保存黄牛品种的冷冻精液、血液和体细胞等遗传材料，确保种质资源得到有效收集和保护。目前，已采集保存了大量遗传材料，为肉牛种质资源的长期保存和利用提供了有力保障。

（二）种质创新与利用

贵州支持开展黄牛遗传资源精准鉴定、种质特性评价和优异基因挖掘等基础研究，为肉牛种质创新和新品种培育提供科学依据。同时鼓励科研机构和养殖企业开展合作，共同开展肉牛选种选配、提纯复壮和新品种培育工作。通过科企联合，提升了肉牛种质创新的效率和水平。此外，贵州积极推广经过选育的优良肉牛品种，提高养殖效益和市场竞争力。同时，也注重保护地方特色黄牛品种，避免其因无序杂交而退化。

（三）政策支持与法规建设

贵州省政府出台了一系列政策措施，如《贵州省支持肉牛产业高质量发展十条政策措施》等，以加强品种繁育、饲草料体系建设等，促进肉牛扩群增量。贵州省人大常委会高度重视畜禽遗传资源保护利用工作，多次开展立法调研和会议研究推动工作。目前，正在加快《贵州省畜禽遗传资源保护利用条例》的立法进程，以法治方式推动黄牛等畜禽遗传资源保护利用。

通过一系列保护措施的实施，贵州肉牛种质资源得到了有效保护，避免了因无序杂交而导致的品种退化。随着肉牛种质资源的保护和利用水平的提高，贵州肉牛产业得到了快速发展。肉牛存栏量、出栏量和牛肉产量均有所增加，为农民增收致富提供了有力支撑。贵州肉牛种质资源保护情况呈现积极态势，但仍须继续努力加强保护和利用工作，推动肉牛产业持续健康发展。

（四）扩繁养殖情况

1. 肉牛养殖品种情况

在贵州省境内，目前有 5 个地方黄牛品种，它们分别是关岭牛、思南牛、威宁牛、黎平牛以及务川黑牛。由于地方黄牛品种固有的体格小、生长速度慢、产肉率低等缺点，为提高养殖效益，贵州从 20 世纪 90 年代开始引入外系品种如西门塔尔、安格斯、利木赞等进行杂交，导致本地品种退化和数量锐减。省内肉牛养殖业的主导品种已转变为杂交品种为主，其在全省肉牛存栏总量中的占比高达 77.15%，而地方品种与引进品种的占比则分别为 20.15% 与 2.7%。如大方县肉牛存栏总量达到了 10.11 万头，但其中本地黄牛所占的比例较低，不足整体数量的 10%；威宁县肉牛存栏总量达到了 40.61 万头，但当地的特色品种威宁牛，其存栏量仅为 1.7 万头，占总存栏量的比例仅为 4.19%。

2. 种牛和能繁母牛情况

贵州省种公牛站当前拥有农业农村部正式登记备案的、符合国家种用标准的种公牛共计 60 头，具体构成为：思南牛 10 头、关岭牛 13 头、务川黑牛 2 头、贵州白水牛 3 头、西门塔尔牛 22 头、利木赞牛 2 头、安格斯牛 1 头及和牛 7 头，这些种公牛均由贵州省种公牛站（站号：522）负责饲养管理。此外，省种公牛站还承担着保护地方牛品种资源的重任，目前存栏包括思南牛、关岭牛、务川黑牛及贵州白水牛在内的共计 84 头地方品种牛，此举为地方牛品种资源的进一步开发利用以及新品种的培育工作奠定了坚实基础。截至 2023 年底，贵州省内能繁母牛数量达到了 205 万头，占全省肉牛总存栏量 503.6 万头的 40.71%。特别值得一提的是，威宁县作为贵州省内的肉牛养殖大县，在 2022 年的肉牛存出栏量上位列全省 88 个县区之首。截至 2023 年底，威宁县能繁母牛存栏数量已达 16.8 万头，占该县肉牛总存栏量 40.61 万头的 41.37%，彰显了其在肉牛养殖业中的重要地位。

二、规模化经营与标准化生产

贵州大力发展家庭农场、农民专业合作社等新型经营主体，引导现有养殖场（户）改造提升基础设施，稳步扩大养殖规模。这些新型经营主体通过规模化养殖，提高了肉牛养殖的效益和竞争力，推动了肉牛产业的发展。注重肉牛产业链的延伸和整合，通过发展肉牛加工业、饲料生产业等相关产业，形成了较为完整的肉牛产业链。这不仅提高了肉牛养殖的附加值，还促进了农业与工业、服务业的融合发展，推动了农业现代化进程。

此外，贵州积极推广标准化养殖技术和管理模式，创建了一批肉牛养殖标准化示范场。这些示范场在养殖环境、饲料配方、疫病防控等方面都达到了较高的标准，为其他养殖户提供了可借鉴的范例。同时注重养殖技术的创新与推广，通过引进和杂交选育、优化饲料配方、提高疫病防控能力等方式，提高了肉牛养殖的效益和质量的同时加强与科研机构和高校的合作，推动产学研结合，为肉牛养殖业的可持续发展提供了技术支撑。贵州还加强了肉牛产品质量和安全管理，建立了完善的产品质量追溯体系。通过加强对养殖、加工、销售等环节的监管，确保了肉牛产品的质量和安全，提高了消费者的信任度和满意度。贵州在肉牛规模化经营与标准化生产方面也取得了显著成效。未来，随着政策的持续支持和技术的不断创新，贵州肉牛产业将迎来更加广阔的发展前景。

三、绿色化发展与品牌建设

（一）绿色化发展

贵州充分利用荒山荒坡种草，以草饲牛，牛粪则用于养草或制作有机肥，形成了绿色种养循环。这种循环不仅减少了化肥和农药的使用，还提高了土地的肥力和农作物的产量。贵州积极推广生态养殖模式，鼓励养殖户利用自然资源和环境优势，进行肉牛养殖。这种养殖模式不仅减少了环境污染，还提高了肉牛的品质和口感。贵州加强了饲草料体系建设，通过种植优质牧草、引进和培育优良品种、推广科学饲养管理技术等措施，提高了饲草料的产量和质量。同时，还加强了饲草料的加工和储存管理，确保了饲草料的供应和品质。

（二）品牌建设

贵州构建了以“贵州黄牛”省级公用品牌为统领、区域公用品牌和企业品牌为支撑的品牌架构。这种架构不仅提升了贵州肉牛的整体形象和知名度，还促进了各品牌之间的协同发展。贵州通过线上线下相结合的方式，积极宣传和推广贵州肉牛品牌。在线上，利用电商平台、社交媒体等渠道进行品牌展示和销售；在线下，则通过举办展览、参加农产品博览会等方式进行品牌宣传和推广。贵州也注重提升贵州肉牛品牌的质量和安全水平，通过加强养殖管理、完善产品质量追溯体系等措施，确保了贵州肉牛产品的品质和安全性。同时，还加强了与科研机构和高校的合作，推动产学研结合，为贵州肉牛品牌的质量提升提供了技术支撑。贵州积极拓展贵州肉牛品牌的市场空间，通过深入了解消费者需求和市场需求变化，不断调整和优化产品结构和服务方式。同时，还加强了与国内外知名企业和品牌的合作与交流，共同推动贵州肉牛品牌的国际化发展。

贵州肉牛绿色化发展与品牌建设是推动肉牛产业高质量发展的重要举措。未来，随着政策的持续支持和市场的不断拓展，贵州肉牛产业将迎来更加广阔的发展前景。

四、遗传改良计划与国家战略

贵州肉牛良种遗传改良计划与国家战略紧密相连，种业安全是当前国家食品安全战略的重要组成部分。肉牛良种资源是肉牛产业发展的重要基础，因此，加强肉牛良种遗传改良工作对于保障种业安全具有重要意义。贵州肉牛良种遗传改良计划正是响应这一国家战略的重要举措。畜牧业现代化是我国农业现代化的重要组成部分，通过实施肉牛良种遗传改良计划，可以提升肉牛产业的整体素质和竞争力，推动畜牧业向现代化方向发展。贵州肉牛良种遗传改良计划有助于推动全国畜牧业现代化的进程。

农业可持续发展是国家长期发展战略之一，通过实施肉牛良种遗传改良计划，可以提高肉牛的生产性能和品质，降低养殖成本，增加农民收入，同时减少环境污染和资源浪费，实现农业可持续发展，贵州肉牛良种遗传改良计划正是符合这一国家战略的要求。

未来，贵州肉牛良种遗传改良计划将继续深化实施，并与国家战略保持高度一致。具体而言，可以从以下几个方面进行展望。①加强种质资源保护与利用。继续加强地方肉牛品种的种质资源普查、保护和利用工作，确保种质资源的多样性和安全性。②推动技术创新与应用。加强遗传改良技术的研发和应用，推动技术创新与产业升级，提升肉牛产业的整体素质和竞争力。③加强政策引导和支持。加大政策引导和支持力度，鼓励企业和科研机构积极参与肉牛良种遗传改良工作，形成产学研用一体化的创新体系。④加强合作与交流。加强与省内外肉牛养殖先进地区的合作与交流，引进和借鉴先进的遗传改良技术和管理经验，推动我省肉牛产业向更高水平发展。

总之，贵州肉牛良种遗传改良计划与国家战略紧密相连，共同推动着我国肉牛产业的持续健康发展。未来，随着各项措施的深入实施和不断完善，我国肉牛产业将迎来更加广阔的发展前景。

第二节 杂交改良技术

肉牛的经济杂交多用于生产性牛场，特别是用于黄牛改良、肉牛改良和奶牛的肉用生产。其目的是利用杂交优势，获得具有高度经济利用价值的杂交后代，以增强商品肉牛的数量和降低生产成本，获得较好的效益。肉牛杂交改良的主要目的是通过引入外来优良品种的遗传特性，改良本地肉牛的体型、生长速度、肉质、屠宰率等性状。

一、肉牛杂交改良的主要方法

（一）二元杂交技术

二元杂交主要是将两个不同品种的肉牛进行杂交，其杂交后代通常被称为F1代，杂交示意图见8-1。这种杂交方式旨在结合两个品种的优点，提高肉牛的生长速度、肉质、适应性等性状。在选择杂交品种时，应根据当地的气候条件、饲养环境以及市场需求等因素进行综合考虑。例如，在温暖湿润的地区，可以选择耐热、抗病性强的品种进行杂交。常见的杂交组合包括本地黄牛与外来品种如西门塔尔牛、夏洛莱牛等的杂交。这些杂交组合通常能够产生具有良好生长性能和肉质特性的后代。在饲养杂交后代时，应注重营养搭配和饲养环境的控制，以确保其健康生长和发育。同时，还应加强疾病防控工作，降低疾病发生率。

近亲繁殖可能导致后代抗病能力差、遗传疾病等问题。因此，在选择杂交亲本时，应确保它们之间没有亲缘关系。在选择杂交品种时，应充分了解各品种的特性和优缺点，以便更好地利用它们的杂交优势。通过选育工作，可以进一步提高杂交后代的遗传品质和生产性能。因此，在杂交改良过程中，应注重选育工作的开展。

西门塔尔公牛或夏洛莱公牛（♂）×本地黄牛（♀）

↓

二元杂交牛（商品肉牛育肥）

图 8-1　二元杂交模式

通过二元杂交改良技术（杂交模式见图8-1），可以提高肉牛的生产性能和肉质品质，从而增加养殖效益和市场竞争力。杂交改良技术有助于推动肉牛产业的可持续发展，提高农民的收入水平和生活质量。同时，还有助于促进农村经济的繁荣和发展。

（二）三元杂交技术

肉牛三元杂交是指利用三个不同品种的肉牛进行杂交，通常是通过两次杂交实现的。首先，选择两个品种进行杂交，产生F1代杂种母牛；其次，选用F1代杂种母牛与第三个品种的公牛进行第二次杂交，产生的后代即为三元杂交牛。

1. 三元杂交的优势

三元杂交能够充分利用三个品种的遗传优势，实现遗传上的互补，从而提高后代的生长速度、肉质、适应性等性状。与二元杂交相比，三元杂交的后代通常具有更高的生产性能，包括更快的生长速度、更高的屠宰率和更好的肉质。三元杂交后代通常具有较强的适应性，能够更好地适应不同的饲养环境和气候条件。

2. 三元杂交的实践应用

在选择三元杂交的品种时，应根据当地的气候条件、饲养环境以及市场需求等因素进行综合考虑。常见的三元杂交组合包括西门塔尔牛、夏洛莱牛、利木赞牛等外来品种与本地黄牛的杂交。三元杂交通常需要进行两次杂交，第一次杂交产生 F1 代杂种母牛，第二次杂交则利用 F1 代杂种母牛与第三个品种的公牛进行，杂交模式见图 8-2。在杂交过程中，应注重亲本的选育和饲养管理，以确保杂交后代的质量。三元杂交后代的饲养管理也是至关重要的，应注重营养搭配和饲养环境的控制，以确保其健康生长和发育。同时，还应加强疾病防控工作，降低疾病发生率。

西门塔尔公牛（♂）×本地黄牛（♀）

↓

夏洛莱公牛（♂）×西门塔尔与本地黄牛杂交一代母牛（♀）

↓

三元杂交牛（商品肉牛育肥）

图 8-2　三元杂交模式

3. 三元杂交的注意事项

在选择亲本时，应确保它们之间没有亲缘关系，以避免近亲繁殖带来的遗传问题。在选择杂交品种时，应充分了解各品种的特性和优缺点，以便更好地利用它们的杂交优势。通过选育工作，可以进一步提高三元杂交后代的遗传品质和生产性能。因此，在杂交改良过程中，应注重选育工作的开展。

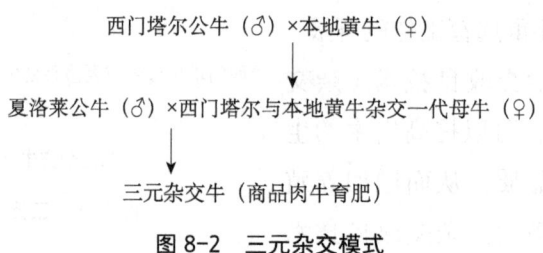

4. 三元杂交的效益分析

三元杂交能够显著提高肉牛的生产性能和肉质品质，从而增加养殖效益和市场竞争力。这对于肉牛养殖业的可持续发展具有重要意义。通过三元杂交改良技术，可以推动肉牛产业的转型升级和提质增效。同时，还有助于提高农民的收入水平和生活质量，促进农村经济的繁荣和发展。

（三）轮回杂交

肉牛品种间的轮回杂交是在经济杂交的基础上进一步发展起来的生产性杂交方式。它涉及两个或两个以上品种的公母牛轮流进行杂交，目的是使逐代都能保持一定的杂交优势，从而获得较高而稳定的生产性能。如用本地黄牛与西门塔尔牛杂交一代母牛再与夏洛莱公牛杂交，杂交二代母牛再与西门塔尔公牛杂交。其杂交模式如图 8-3 所示。

西门塔尔牛（♂）×本地黄牛（♀）
↓
夏洛莱牛（♂）×杂交一代母牛（公牛育肥）
↓
西门塔尔牛（♂）×杂交二代母牛（公牛育肥）
↓
夏洛莱牛（♂）×杂交三代母牛（公牛育肥）
↓
⋮

图 8-3　轮回杂交模式

1. 轮回杂交的类型

（1）二元轮回杂交

涉及两个品种的肉牛进行轮流杂交。例如，先用品种 A 的公牛与品种 B 的母牛杂交，产生的后代再用品种 B 的公牛与品种 A 的后代母牛进行杂交，如此循环往复。

（2）三元及多元轮回杂交

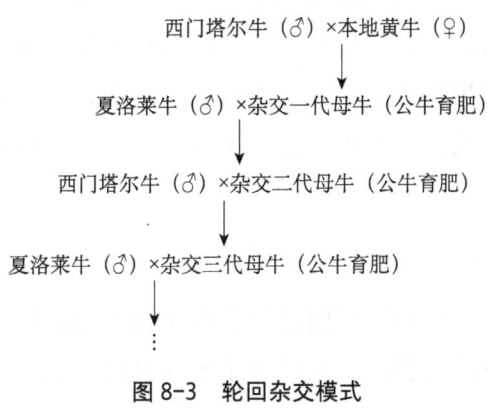

涉及三个或更多品种的肉牛进行轮流杂交。这种杂交方式可以进一步

增加遗传多样性，但操作和管理上相对复杂。

2. 轮回杂交的实践应用

在选择轮回杂交的品种时，应充分考虑各品种的遗传特性、生产性能、适应性以及市场需求等因素。常见的轮回杂交组合包括本地黄牛与外来肉牛品种的杂交。轮回杂交的杂交程序相对复杂，需要精心设计和规划。通常包括亲本的选育、杂交组合的确定、杂交后代的饲养管理以及后续杂交计划的制订等步骤。轮回杂交后代的饲养管理也是至关重要的。应注重营养搭配、饲养环境的控制以及疾病防控工作，以确保后代的健康生长和发育。

3. 轮回杂交的效益分析

轮回杂交能够显著提高肉牛的生长速度、屠宰率和肉质品质等生产性能。这对于提高养殖效益和市场竞争力具有重要意义。轮回杂交后代通常具有较强的适应性，能够更好地适应不同的饲养环境和气候条件。这有助于降低养殖风险和提高养殖效益。通过轮回杂交，可以不断引入新的遗传物质，促进品种的改良和升级。这对于推动肉牛产业的可持续发展具有重要意义。

4. 轮回杂交的注意事项

在选择亲本时，应确保它们之间没有亲缘关系，以避免近亲繁殖带来的遗传问题。注重品种特性，在选择杂交品种时，应充分了解各品种的特性和优缺点，以便更好地利用它们的杂交优势。

加强选育工作。通过选育工作，可以进一步提高轮回杂交后代的遗传品质和生产性能。因此，在杂交改良过程中，应注重选育工作的开展。

（四）级进杂交

1. 定义与原理

肉牛级进式杂交指的是在一个较长的周期内，有计划、有步骤地将一个或多个外来肉牛品种的遗传物质引入本地品种中，以改善其生长速度、肉质、适应性等性状。其原理基于遗传学原理，通过引入具有优良性状的基因，可以逐步改善本地品种的遗传组成，从而使其生产性能得到显著提升。级进杂交强调的是逐步、有序和持续的过程，确保杂交后代能够稳定地继承外来品种的优良性状。

2. 渐进式杂交的实施步骤

首先，需要选择具有优良性状的外来肉牛品种作为杂交对象。这些性状可能包括生长速度快、肉质好、适应性强等。制订详细的杂交计划，包括杂交世代、杂交比例、选育目标等。这有助于确保杂交进程的有序进行，并达到预期的育种效果。按照计划进行杂交，通常使用外来品种的公牛与本地品种的母牛进行交配，产生的杂交后代再根据选育目标进行筛选和培育。对杂交后代进行选育和评估，选择具有优良性状的个体作为下一代的亲本，这有助于逐步积累优良基因，提升整体生产性能。

3. 渐进式杂交的注意事项

在杂交过程中，应确保亲本之间没有亲缘关系，以避免近亲繁殖带来的遗传问题。明确选育目标，并根据目标进行有针对性的选育工作，这有助于确保杂交后代能够继承预期的优良性状。杂交后代的饲养管理也是至关重要的，应注重营养搭配、饲养环境的控制以及疾病防控工作，以确保后代的健康生长和发育。在杂交过程中，应持续监测和评估杂交后代的生产性能和遗传品质，这有助于及时调整杂交计划，确保育种目标的实现。

4. 渐进式杂交的效益分析

通过渐进式杂交，可以显著提升肉牛的生长速度、屠宰率和肉质品质等生产性能。这对于提高养殖效益和市场竞争力具有重要意义。杂交后代通常具有较强的适应性，能够更好地适应不同的饲养环境和气候条件，这有助于降低养殖风险和提高养殖效益。通过渐进式杂交，可以逐步引入外来品种的优良性状，促进本地品种的改良和升级，这对于推动肉牛产业的可持续发展具有重要意义。

（五）基因组选择改良技术

1. 技术原理

肉牛基因组选择技术是一种先进的育种手段，它基于肉牛的全基因组信息，通过特定的统计和计算方法，评估肉牛的遗传潜力和育种价值，从而实现精准选育。肉牛基因组选择技术的核心在于利用高通量测序技术获取肉牛个体的全基因组序列信息，进而识别与重要性状相关联的遗传变异。这些遗传变异通常以单核苷酸多态性（SNP）的形式存在，它们在不同个体间的分布和组合决定了肉牛的遗传特征和表现型。

2. 技术流程

（1）参考群体构建

选择具有代表性、遗传多样性丰富的肉牛群体作为参考群体。对参考群体中的每个个体进行表型和基因型鉴定，收集全面的遗传和育种数据。

（2）基因组关联分析

利用生物信息学方法，对参考群体的全基因组数据进行关联分析。识别与重要性状（如生长速度、肉质、繁殖性能等）相关联的 SNP 位点。

（3）育种值预测模型构建

基于关联分析的结果，构建基因组育种值（GEBV）预测模型。该模型能够综合考虑多个 SNP 位点的影响，准确评估肉牛个体的遗传潜力和育种价值。

（4）候选群体筛选与选育

对候选群体（或育种群体）中的个体进行基因型检测。利用预测模型计算每个个体的 GEBV，并根据 GEBV 排名筛选高育种值个体进行表型测定和选育。

3. 技术优势

（1）准确性高

基因组选择技术能够综合考虑多个遗传变异的影响，准确评估肉牛的遗传潜力和育种价值。与传统育种方法相比，其预测准确性显著提高。

（2）育种周期短

基因组选择技术不依赖表型信息，可实现早期选种。这大大缩短了育种周期，提高了育种效率。

（3）适应性强

基因组选择技术不受环境因素的影响，能够在不同地理和气候条件下进行应用。这使该技术具有广泛的适应性和推广价值。

（4）成本降低

随着高通量测序技术的不断发展和成本的不断降低，基因组选择技术的成本也在逐渐降低。这使得更多养殖户和企业能够承担得起该技术的费用，促进其在肉牛育种领域的广泛应用。

4. 应用案例

在我国，肉牛基因组选择技术已经得到了广泛的应用和推广。例如，中国农业科学院北京畜牧兽医研究所等单位已经建立了成熟的肉牛全基因组选择技术体系，并在内蒙古、吉林、新疆、河南、山东等地建立了多个全基因组选择育种基地。这些基地通过应用肉牛基因组选择技术，显著提高了肉牛的遗传进展和育种效益。这项技术的成熟也为贵州省肉牛品种的改良提供了新思路，对于未来培育本土优质牛种具有重要的意义。

（六）分子育种技术

1. 技术基础

肉牛分子育种技术是一种先进的育种方法，它运用现代生物学和基因组学的原理，通过直接操作肉牛的遗传物质来实现性状的改良和提高。肉牛分子育种技术的基础在于对肉牛基因组的深入研究和理解。科学家们通过测序和分析肉牛的基因组，确定了与生长速度、肉质、抗病性等重要性状相关的基因位点。这些基因位点为分子育种提供了精确的靶点，使得育种过程更加精准和高效。

2. 主要方法

（1）基因克隆与编辑

这种方法涉及将与优良性状相关的基因克隆出来，并导入肉牛基因组中，以实现性状的改良。基因编辑技术，如CRISPR/Cas9等，则可以对肉牛基因组中的特定基因位点进行精准编辑，从而改变肉牛的遗传性状。

（2）分子标记辅助选择

分子标记辅助选择是利用多态性分子标记与目标性状之间的关联，实现对肉牛生长、肉质、抗病性等性状的早期预测和选育。这种方法通过检测与重要性状相关联的分子标记，可以在肉牛早期阶段就筛选出具有优良性状的个体，从而提高选育效率和准确性。

（3）转录因子与microRNA调节

通过调节转录因子的表达，可以实现对肉牛性状的精准调控。例如，调节与脂肪沉积相关的转录因子可以改善肉质和嫩度。microRNA是一种非编码RNA，通过调节其表达可以改变肉牛的生长速率和肉质等性状。

3. 应用案例

肉牛分子育种技术已经在实践中取得了显著成果。例如，通过分子标记辅助选择和基因编辑技术，科学家们成功培育出了具有高产肉量、优良肉质、快速生长和高度抗病性的肉牛新品种。这些新品种在提高养殖效益和推动肉牛产业可持续发展方面发挥了重要作用。

4. 技术优势与挑战

肉牛分子育种技术的优势在于其精准性和高效性。通过直接操作遗传物质，可以在短时间内实现性状的显著改良。然而，该技术也面临一些挑战，如基因修饰技术的成本较高、可复制性需要进一步探究以及伦理和法律问题等。

5. 未来展望

随着生物技术的不断发展和完善，肉牛分子育种技术将在未来发挥更加重要的作用。通过持续的技术创新和优化，我们可以期待更多具有优良性状的肉牛新品种的诞生，为肉牛产业的可持续发展提供有力支撑。

二、影响杂交改良效果的因素

贵州利用外系优良品种对本地黄牛进行杂交改良已经有一定的历史，近年来主要使用西门塔尔、安格斯牛、利木赞牛、和牛等品种与本地黄牛进行杂交，来改良地方黄牛，均取得了良好的效果。后代杂种优势明显，主要表现为体型外貌改善，生长发育加快，生产性能提高和繁殖性能良好等。在实际中，应选择配合力好的杂交组合，以取得最佳效益。

用引进的安格斯牛来改良黄牛的数量较多，分布也较广。杂种牛生长发育快，耐粗、抗寒、抗病力又强，适应性好，肉质优良。杂种牛的原型趋向于父本，体躯低矮，全身比例匀称，肌肉丰满，头短，背腰宽平，四肢粗短，呈长方形。体尺和体重均较同龄本地牛大。

用西门塔尔牛改良本地黄牛也取得了较好的效果。改良牛毛色以黄（红）白花为主，白头，体躯深宽高大，结构匀称，体质结实，肌肉发达，乳房发育好，役用性能与泌乳性能均取得较好成绩，并且其后代比本地牛体型大。西门塔尔牛杂交二代公牛初生重、18 月龄体重、母牛 207 d 泌乳量分别比本地黄牛提高 68.38%、29.01%、229.0%。

用利木赞牛改良当地黄牛也取得了明显效果，杂交一代的外貌具利木赞牛的特征，体格粗壮，骨架大，发育匀称，被毛呈乳白色或草黄色，体型呈长方形，生长发育速度快，产肉性能好，体重、体尺均比本地牛有较大改进。此外，和牛、海福特牛、比利时蓝牛等杂交改良本地牛效果也不错。

（一）杂交牛的选育提高

提高黄牛改良效果，除选好父本和最佳的杂交方式外，还必须对改良牛群进行选育提高。其重点是选择优秀的个体做母本，以提高杂交改良的效果。选择的方法有以下几种。

1. 系谱选择

系谱选择旨在通过分析母牛的祖先资料，如生产性能、生长发育及其他相关遗传信息，来评估母牛的遗传潜力和杂交改良的潜力。这有助于选出具有优良遗传特性的母牛，从而提高杂交后代的整体性能。

首先要分析母牛的亲代、祖代等祖先的生产性能数据，如产奶量、乳脂率、乳蛋白率、生长速度、饲料转化率等。评估祖先的生长发育情况，包括体格大小、结构匀称性、肌肉丰满度等。考虑祖先的适应性、抗病能力和繁殖性能等，并且要详细记录母牛的系谱信息，包括祖先的品种、血缘关系、遗传特点等。建立完整的系谱档案，便于追踪和分析母牛的遗传背景。

2. 个体表型选择

母牛个体表型选择是指通过观察和分析母牛的外在表现型（即表型）来评估其遗传潜力和生产性能，从而选择出具有优良性状的母牛进行杂交改良。

（1）体型外貌

选择体型适中、身体匀称、结构紧凑的母牛。腹部宽大、乳房丰满、乳头排列整齐是优良母牛的重要特征。四肢粗壮、蹄质坚实，有助于母牛保持良好的运动能力和生产性能。主要重视生产优良肉的部位及产肉量大的部位的外部表现。牛的背腰及脊椎两侧生产优等肉，产肉量约占总肉量的 13.4%；尻部生产二等肉，产肉量占 4.9%；股部及背前方的肩部生产三等肉，产肉量约占 16.9%；股下部及肋部生产四等肉，产肉量约占 25.9%；颈、前后肢及腹部产的肉品质最差，约占 17.0%。因此体尺外貌应重视背、腰、尻部的长度与宽度及腹部表现的优劣，不要单凭膘情的优劣选留母牛。

（2）肉用性能

肉用性能主要依据初生重、断奶重、日增重、成年重等几项指标。需要指出的是，牛的肉用性能受遗传和外界条件两个方面的影响，因此个体生产性能只能部分地遗传给后代，其遗传程度的大小，主要由遗传力决定。据测定，初生重遗传力 0.35～0.45，断奶重遗传力 0.25～0.30，日增重遗传力 0.31～0.59，成年重遗传力 0.50～0.70。

（3）繁殖性能

观察母牛的发情症状、受胎率和繁殖成活率等指标。选择发情明显、受胎率高、繁殖成活率好的母牛进行杂交改良。

（4）适应力与抗病性

评估母牛对当地气候、环境和饲养条件的适应能力。选择适应性强、抗病力好的母牛，以提高杂交后代的生存能力和生产性能。

3. 后裔测定选择

后裔测定的主要目的是评估杂交后代的生产性能和遗传品质，以确定其是否适合作为种牛进行进一步选育和推广。通过后裔测定，可以了解杂交后代的生长发育情况、屠宰性能、肉质品质等关键指标，为肉牛育种工作提供科学依据。

（1）测定方法

选择经过杂交改良的公牛和母牛所生的后代作为测定对象。测定对象应具有代表性，能够反映杂交改良的效果。根据肉牛育种目标，确定测定指标，如生长速度、屠宰率、净肉率、肉质品质等。测定指标应具有可测量性、可比性和遗传性。可采用人工授精、胚胎移植等繁育技术，确保测定对象的遗传背景清晰。对测定对象进行生长发育记录、屠宰记录等，收集测定数据。应用动物模型 BLUP 法、最佳线性无偏估计法等遗传评估方法，对测定数据进行统计分析，评估杂交后代的遗传品质。

（2）选择标准

应选择生长速度快、屠宰率高、净肉率高的杂交后代。同时肉质品质优良，如肉色、嫩度、风味等指标符合市场需求。测定对象的遗传稳定性好，无明显的遗传缺陷。测定对象的遗传变异丰富，有助于选育出适应不同环境条件的肉牛品种。测定对象对当地气候、环境和饲养条件的适应能力强。测定对象具有较强的抗病能力和繁殖性能。

（3）注意事项

在测定过程中，要严格按照测定方法和标准进行操作，确保测定数据的准确性和可靠性。

在分析测定数据时，要充分考虑环境因素对测定结果的影响，如气候、饲养条件等。在选育过程中，要注重对优良性状的保持和巩固，同时加强对不良性状的淘汰和改良。

4. 综合评定选择

即按照肉牛的血统、体重、外貌以及后裔的表现，对母牛的等级进行综合评定，以确定母牛的选留与否。

（二）地方良种牛的纯种繁育

纯种选育，也称该品种选育，是指在牛的品种内，通过选种、选配和培育不断提高牛群质量及其生产性能的方法。这种方法对于巩固和提高肉牛品种的优良性状、增加肉牛生产效益具有重要意义。通过纯种选育，可以培育出体型外貌一致、生产性能高、遗传稳定的肉牛品种，满足市场对优质牛肉的需求。国外许多肉牛品种和国内许多优良的当地黄牛品种，都是通过长期的纯种繁育培育而成的；已有的牛品种为将其优良特性保持下去，都在继续进行纯种繁育，以进一步提高品种的质量和增加养牛的效益。如贵州省的关岭牛、思南牛、黎平牛等，都已经建立了保护区和保种场。

贵州地方黄牛数量多，分布较为广泛，这是丰富的牛品种资源和遗传资源。虽然有些地方品种生长速度慢，生产水平和出栏重低，但有耐粗饲、适应性和抗病力强、肉质好等优点。在实际工作中，必须加强这些地方良种的纯种繁育工作，逐步提高它们的生产性能，保持品种的优良特性和遗传基础。否则，一味地追求“杂交改良”，将会导致我国本土黄牛地方良种消失，将是我国育种保护工作的巨大损失。

1. 纯种选育的方法

（1）选种

根据肉牛品种的遗传特征和生产性能，选择具有优良性状的公牛和母牛作为种牛。对种牛进行严格的遗传评估和健康检查，确保其具有良好的遗传品质和健康状况。

（2）选配

根据选种结果，为母牛选择最适合的公牛进行交配，以产生基因型优良的后代。选配方法包括同质选配和异质选配。同质选配是选择在外形、生产性能等性状上相似的优秀公、母牛交配，以巩固和加强它们的优良性状；异质选配则是选择在外形、生产性能等性状上不同的优秀公、母牛交配，以结合不同优点，获得兼有双亲优良品质的后代。

（3）培育

对交配后的母牛进行精心的饲养管理，确保其顺利受孕并产下健康的后代。对后代进行生长发育记录、健康检查等，评估其遗传品质和生产性能。

2. 纯种繁育的交配方式

纯种繁育的交配方式主要包括亲缘繁育（近交）和品系育种两个方面。

（1）亲缘繁育

亲缘繁育指有亲缘关系的公母牛间的交配组合。近交也称近亲繁殖，反映近亲程度参数是近交系数和亲缘系数。特点是有目的地培育牛群在类型上的差异，以便使畜群的有益性状继续保持和扩大到后代中去。

（2）品系育种

通过建立品系（即血缘关系清晰的家族谱系），对肉牛进行选育。品系育种有助于保持肉牛品种的遗传稳定性和生产性能。

3. 纯种繁育的注意事项

（1）防止近交衰退

近交可能导致有害基因同质结合，从而提高后代适应性和生活力下降的风险。因此，在纯种繁育过程中，应特别注意防止近交衰退，加强选种和淘汰不良个体。

（2）保持遗传多样性

为了保持肉牛品种的遗传多样性和适应不同环境条件的能力，应在纯种繁育过程中适当引入外来基因。这可以通过导入杂交或育成杂交等方式实现。

(3)加强饲养管理

饲养管理是影响肉牛生产性能的重要因素之一。在纯种繁育过程中，应加强饲养管理，提供适宜的饲料和环境条件，确保肉牛的健康和生产性能。

(三)肉牛的育种策略

1. 建立良种繁育保护机构

建立地方良种牛繁育体系原种场—良种扩繁场—商品生产场，同时按兼用或肉用牛的方向修订地方良种黄牛标准。建立乳肉兼用及肉用牛育种中心。兼用牛及肉用牛的育种工作应在巩固和健全地方良种黄牛的育种核心群—保护区—选育繁殖场体系的基础上，明确改良方向，制订育种方案，依据不同地区的生态环境条件、社会经济条件制订新品系的培育方案，建立省(区)级的育种中心。建立国家级种质测定中心、性能监测中心要求确保种牛质量，以便良种繁育体系能扩大种牛群体，不断积累测定的数据，为修订良种标准，为建立良种登记制度提供依据。

从国内外知名的育种机构引进优质的种公牛和能繁母牛。优先考虑具有优良遗传背景、生产性能和健康状态的种牛。制订详细的选育计划，包括育种目标、选育方法、测定指标等。利用现代育种技术，如全基因组选择、基因编辑等，提高选育效率。可与高校、科研机构合作，开展肉牛遗传育种、繁殖技术等方面的研究。利用大数据、云计算等技术手段，建立数字化育种平台，提高育种效率和准确性。通过培训、示范等方式，将先进的育种技术推广给养殖户，提高他们的养殖水平和经济效益。

2. 建立肉牛杂交配套体系

要建立和维护一个清晰的基因库记录，追踪所有参与杂交种牛的遗传信息。这有助于监测遗传多样性，避免近亲繁殖带来的问题。

①母系的配套系需具备一系列正式且持久的标准，首先应确保高受孕率的稳定性。此外，考虑到成本效益，每头母牛应具有较低的饲养和土地占用费用，通常体型较小的个体更受欢迎。其他要求包括较早的性成熟、良好的分娩能力、优秀的泌乳性能，能适应粗放型和低质量的饲养环境，

具备良好的体质和长寿命，以及提供高饲料转化效率、鲜嫩的肉质和优良的屠宰性状等九项标准。

②父系的配套系则需满足一系列条件，包括快速的生长能力、显著的眼肌面积提升优势、高屠宰率和瘦肉率、体型庞大以及早熟特性等共五项要求。

3. 制订育种计划

制订或者修订种畜评定标准，完善良种登记制度，规范后裔鉴定及性能测定的方案，测定指标应包括生长速度、饲料转化率、屠宰率、肉质等关键性状。首先，根据市场需求和肉牛产业的发展趋势，明确育种目标，如提高生长速度、改善肉质、增强抗逆性等。目标应具有可衡量性，以便在育种过程中进行监测和评估。评估杂交后代是否适应当地的气候、饲料资源和养殖条件。选择具有广泛适应性的杂交组合，提高杂交后代的生存率和生产性能。利用遗传评估技术，对杂交后代的遗传性能进行准确评估。根据评估结果，调整和优化育种计划，提高选育效率。其次，在进行杂交改良时，注意保护本地肉牛品种资源，避免盲目杂交和过度依赖外来品种，导致本地品种资源的丧失。最后，要加强疾病防控措施，确保杂交牛群的健康。同时在育种过程中持续监测杂交后代的性能表现，根据监测结果及时调整育种计划，确保育种目标的实现。

制订肉牛杂交改良育种计划时，需要综合考虑市场需求、亲本选择、杂交方案、适应性、性能测定、遗传评估、本地品种保护、疾病防控、专业人员培训和持续监测与调整等多个方面。通过科学合理的规划和实施，可以推动肉牛产业的持续健康发展。

第三节 肉牛的繁殖

母牛繁殖是维持牛群数量、保证畜牧业生产持续进行的基础。通过有效的繁殖管理，可以确保牛群数量的稳定增长，满足市场对牛肉的需求。

通过选择优良的母牛进行繁殖，可以优化牛群的遗传品质，这包括提高生长速度、改善肉质、增强抗逆性和提高繁殖性能等。优良的遗传品质有助于提升整个牛群的生产性能和经济效益。通过提高母牛的繁殖率和成活率，可以增加牛肉的产量，从而提高畜牧业的生产效益。同时，优良的繁殖管理还可以降低生产成本，提高市场竞争力。总之，母牛繁殖工作直接关联到畜牧业的经济效益，因此肉牛养殖场必须做好母牛的繁殖工作，以确保本场养殖经济效益。

一、牛的繁殖特性

（一）初情期

初情期是母牛生殖器官开始发育，并初次表现出发情行为和排卵的时期。母牛在初情期虽然会表现出发情，但发情周期往往不正常。生殖器官仍在继续生长发育中，虽已具有繁殖机能，但还达不到正常繁殖能力。母牛的初情期年龄因品种、饲养管理、健康状况、气象因素、季节等多种因素而异。一般来说，母牛的初情期年龄为12～18月龄。

公牛初情期则是指公牛出现性行为，并能够射出精子的时间，但这一时期的公牛虽然可以产生精子，但其性腺仍然处于发育阶段，没有达到正常的繁殖能力，公牛主要表现为精子的产量很低，此时的公牛还不能进行繁殖利用，公牛的初情期一般较母牛稍晚，也与品种、饲养管理、健康状况、气象因素、季节等多种因素有关。例如瑞士黄牛公牛初情期平均为264 d，海福特牛公牛初情期则平均为326 d。

（二）性成熟

性成熟是指肉牛发育到一定年龄，生殖器官和生殖机能达到比较成熟的阶段，能够表现出性行为和第二性征，特别是能够产生成熟的生殖细胞。在这一阶段，公牛能够产生成熟的精子，母牛则开始第一次发情并排卵。肉牛的性成熟年龄因品种、性别、饲养环境、营养状况以及个体差异而有所不同。对于培育品种而言，其性成熟年龄通常比原始品种早。此外，饲养在温暖南方的牛较饲养在寒冷北方的牛性成熟早，营养充足的牛较营养不足的牛性成熟也早。

1. 公牛

公牛在性成熟后，会表现出更加明显的性行为，如嗅闻母牛的外阴、对其他牛进行爬跨、阴茎勃起以及展示交配姿势等。此外，其生殖器官也会更加发达，睾丸能够产生成熟的精子。

2. 母牛

母牛在性成熟后，会开始周期性地发情。发情期间，母牛会表现出兴奋、接受公牛爬跨、生殖道黏膜充血水肿并流出黏液等特征。同时，其卵巢上也会有卵泡发育和排卵。

虽然肉牛在性成熟后已经具备了繁殖能力，但并不意味着此时就可以进行配种。因为此时肉牛的身体生长发育尚未完全，如果过早配种，可能会影响其生长发育和今后的繁殖能力，缩短使用年限，而且会使后代的生活力和生产性能降低。因此，在确定肉牛的初配适龄时，需要综合考虑其品种、生长发育情况以及体重等因素。一般来说，肉牛的初配适龄为公牛15～20月龄，母牛16～22月龄。

（三）体成熟

体成熟是肉牛生长发育的一个重要标志，意味着其体格已经长到成年牛体重的70%左右，各组织器官也已发育成熟，具有固有的外形和较强的生理功能。肉牛体成熟的时间因品种、饲养管理、气候条件等多种因素而异。一般来说，正常情况下公牛在18～24月龄，母牛在14～22月龄达到体成熟。然而，也有可能出现因饲养条件优越而提前达到体成熟，或因饲养条件较差而延迟达到体成熟的情况。体成熟是肉牛进行配种繁殖的重要前提，只有体成熟的肉牛才具备进行繁殖的生理条件和能力。如果肉牛未达到体成熟就进行配种，可能会导致其后代品质低劣、生长发育受阻等问题。因此，在确定肉牛的初配适龄时，需要综合考虑其体成熟情况。

（四）适配年龄

肉牛适宜配种的年龄被称为适配年龄，应根据牛的品种、使用目的及其具体生长发育情况而定。适配年龄一般要比肉牛的性成熟期晚一些，肉牛的体重最少应达到成年体重的70%，而体高则应达到成年期的90%左右，胸围则需达到80%。一般在公母牛2岁龄左右时可以进行初次配种。

初配年龄。①早熟品种。公牛：15～18月龄；母牛：16～18月龄。②晚熟品种。公牛：18～20月龄；母牛：18～22月龄。③一般标准。肉牛体成熟一般在1.5～2岁，杂交肉牛为2.5岁。但这一标准可能因饲养管理、气候条件等因素而有所变化。

（五）繁殖年限

肉牛的繁殖年限是指其具备繁殖能力并能够成功繁殖后代的年限。这一年限的长短因个体和群体差异而不同，但通常有一定的范围。

公牛的繁殖年限通常为5～6年。然而，一些优质公牛在良好的饲养管理条件下，其繁殖年限可能更长。母牛的繁殖年限相对较长，通常为9～11年（11～13胎），甚至可达15年以上。但这也取决于品种、饲养管理条件和健康状况等因素，主要受到品种、健康及饲养管理等方面的影响，不同品种的肉牛其繁殖年限可能存在差异。

需要注意的是，当肉牛超过其繁殖年限或繁殖能力明显降低时，应及时淘汰，以避免对养殖效益造成负面影响。通过优化饲养管理条件，如提供充足的营养、保持适宜的饲养环境等，可以延长肉牛的繁殖年限。加强肉牛的疾病防治工作，确保其健康状态良好，也是延长繁殖年限的重要措施。

二、母牛的发情表现及鉴定

（一）母牛的发情规律和表现

正常情况下，母牛常年发情，在营养均衡的条件下，总是间隔一个周期出现一次发情。从这一次发情开始到下一次发情开始的间隔时间，叫发情周期。如果母牛已怀孕，发情周期即中止，待产犊后间隔一定时间，重新恢复发情周期。以放牧饲养为主的肉牛，由于营养状况存在着较大的季节差异，特别是在贵州地区，大多数家庭农场以放牧为主，因此大多数母牛只在牧草繁茂时期（5—9 月）膘情恢复后集中出现发情。以均衡舍饲饲养条件为主的母牛，发情受季节的影响较小。

母牛在性成熟后，会进入周期性的发情期。母牛的发情周期通常平均为 21 d 左右（18～25 d），但这一周期可能受到季节、饲养条件、营养状况等多种因素的影响而有所变动。虽然母牛发情一般不会因季节而改变，但贵州地区的气候条件可能对母牛的发情产生一定影响。通常，每年的上半年 4—5 月以及下半年的 8—10 月是母牛配种的高峰时期，这两个时间段内母牛的发情持续时间相对较长，繁殖率也较高。

根据母牛发情周期中生殖道和外部行为等表现变化，可以将母牛的一个发情周期划分为发情前期、发情期、发情后期和休情期（也叫间情期）。

1. 发情前期

此阶段为发情的准备期，母牛表现出精神不安、尿频、阴道湿润呈粉红色，外阴部稍有肿胀等，但尚未出现性表现。随着母牛黄体逐渐萎缩并消失，卵巢内新的卵泡开始发育，并且卵巢会略微变大，母牛体内的雌激素水平也开始提高，生殖器官开始充血红肿，黏膜增生，子宫口略微开放，这一阶段持续 1～3 d。

2. 发情期

发情期也叫发情持续期，是母牛性欲最旺盛的时期。母牛食欲减退，精神兴奋，外阴部充血、红肿，分泌大量的黏液，阴道黏膜潮红有光泽，愿意接受其他牛的爬跨。发情期一般为 18 h，但也可能因品种、个体差异等因素而有所不同，有的母牛发情持续时间可达 6～36 h，甚至个别母牛可长达 48 h，详细描述见母牛的发情鉴定。

3. 发情后期

此阶段母牛发情征兆开始消失，性欲减退直至消失，阴道分泌物开始减少，阴道黏膜肿胀也逐渐消退，开始拒绝其他牛的爬跨，开始进入静止状态。这一阶段持续 3～4 h，90% 的育成母牛和 50% 的成年母牛会从阴道流出少量的血液。

4. 休情期

休情期也叫间情期，是母牛生理反应的相对静止时期。母牛的精神状态恢复正常，黄体由成熟到略微萎缩，孕酮的分泌由增长到逐渐下降。这一阶段持续 12～15 d，为下一次发情做准备。

（二）母牛的排卵

1. 排卵时间

母牛的排卵时间通常发生在发情结束后的 10～16 h，但不同个体间排卵时间有所差异。一般来说，大牛排卵早些，小牛排卵时间晚些。排卵多发生在夜间，且右边卵巢排卵的情况多于左边卵巢。

2. 排卵过程

（1）卵泡发育

在发情周期内，卵巢上的卵泡会以卵泡发育波的形式连续出现。每个卵泡发育波中，只有一个卵泡发育最快，成为优势卵泡，其余的卵泡则逐渐退化。优势卵泡在发育过程中，会逐渐增大，泡壁变薄，紧张性增强，直至达到一触即破的程度。

（2）排卵

当优势卵泡发育成熟后，会发生破裂，卵泡液流出，卵泡壁松软凹陷，此时即为排卵。排卵后，卵巢内会形成黄体，为下一次发情做准备。在正常的营养水平下，大约 76% 的母牛会在发情开始后的 21～35 h，或者发情结束后的 10～12 h 排卵。

3. 排卵与受精

（1）卵子存活时间

卵子在排出后，会在输卵管内保持受精能力一段时间，通常为

8～12 h。因此，为了提高配种受胎率，应在排卵前 6～8 h 进行输精。

（2）受精过程

精子在到达受精部位前，需要经过一系列的生理准备，如获能等。而卵子在排出后，也会经过一系列的成熟和获能过程，才具有受精能力。当精子与卵子在输卵管上 1/3 的壶腹部相遇后，会发生受精作用，形成受精卵。

4. 影响排卵的因素

（1）营养状况

母牛的营养水平直接影响其排卵情况。营养良好的母牛排卵时间相对集中，排卵率也较高；而营养不足的母牛则可能出现排卵分散、排卵率下降的情况。

（2）饲养管理

饲养管理条件对母牛的排卵也有重要影响。良好的饲养管理可以延长母牛的繁殖年限和发情周期，提高排卵率和受胎率。

（3）环境因素

温度、光照等环境因素也可能对母牛的排卵产生影响。例如，环境温度的突然改变可能导致母牛体内分泌激素发生紊乱，从而影响排卵。

（三）母牛产后第一次出现发情的时间

母牛产后第一次发情的时间会受到多种因素的影响，包括母牛的品种、年龄、营养状况、饲养管理条件以及产后恢复情况等。

1. 一般情况

大多数母牛在产后 30～70 d 会出现第一次明显发情。子宫复原的时间需 9～12 d，而卵巢中的妊娠黄体于产后才被吸收，所以产后第一次发情时间出现较晚，一般在产后 40～45 d。

2. 个体差异

不同品种的母牛发情时间可能有所不同。例如，饲养粗放的黄牛可能在产后 100 d 甚至更长时间才发情。青年母牛的发情周期可能比成年母牛短 1 d，因此其产后第一次发情时间也可能相对较早。

3. 发情征候

母牛产后身体虚弱和大量泌乳可能会影响脑垂体与卵巢分泌激素的机能，导致发情征候不明显，呈安静发情。在生产实践中，为了让母牛的子宫得到完全复原，一般均在产后 40～50 d 发情时配种为宜。

良好的饲养管理条件可以促进母牛产后恢复，从而缩短发情时间。营养不良或饲养管理不当可能导致母牛发情时间推迟或发情不规律。为了确保母牛的正常发情和繁殖，养殖者应加强饲养管理，提供充足的营养和适宜的环境条件，并密切关注母牛的发情情况，以便及时采取配种措施。

（四）发情特点

1. 发情持续时间短

较其他家畜而言，母牛发情的持续时间较短，平均在 18 h，最短的仅可持续 6 h，最长的可持续 36 h。

2. 排卵在发情结束之后

母牛的发情高潮一般来得比较早，发情终止后的 6～15 h（平均为 7.51 h）即开始排卵。

3. 发情后会出现子宫内膜出血

部分母牛在发情后会出现子宫内膜出血的现象，70%～80% 的青年母牛以及 30%～40% 的成年母牛会在发情后出现子宫内膜出血，一般是在发情后的 2～3 d 开始出血，并且会顺着母牛的阴道流出。

（五）异常发情

母牛异常发情是指母牛在性成熟后，发情表现出现不规律或异常的情况。主要与营养不良、饲养管理不善、激素分泌失调、生殖系统疾病等有关。主要包括以下几种情况。

1. 安静发情（隐性发情）

母牛在发情时缺乏明显的外部表现，但其卵巢内有卵泡发育成熟并排卵。这类母牛应加强饲养管理，保证日粮中营养物质的供给。

2. 断续发情

母牛发情时间延长，有时可达 30～90 d，并呈现时断时续的发情。这类母牛除加强饲养管理外，可注射促排卵药物，同时配合配种或输精，以提高受胎率。

3. 孕期发情（假发情）

母牛在怀孕期仍有发情表现。这通常是妊娠黄体分泌的孕酮不足，而卵泡分泌的雌激素过量所致。对于这类母牛，要采用综合方法判定其是否妊娠，并避免因误配而导致流产。

4. 短促发情

因发育的卵泡迅速成熟并排卵，母牛发情期非常短促，如不注意观察，极易错过配种时机。这类母牛应注意观察，及时配种。

5. 二次发情

母牛产后第一次发情后，很快又出现发情，与第一次发情间隔较短。这类母牛要及时根据检查鉴定结果进行第二次输精。

6. 持续发情

发情持续时间很长，多见于卵泡囊肿，称为“慕雄狂”。这类母牛应及时治疗，治愈后再依据发情表现及检查结果适时配种。

7. 长期不发情（乏情）

母牛处于长期不发情状态。其原因主要是母牛营养不良、卵巢和子宫疾病（如黄体囊肿、持久黄体、子宫内膜炎等）。

三、母牛的发情鉴定

母牛发情鉴定工作具有重要意义，通过发情鉴定，可以准确判断母牛是否发情以及发情所处的阶段，从而确定最佳的配种时间。适时配种能够显著提高母牛的受胎率，增加繁殖效益。发情鉴定还能帮助养殖者及时发现母牛发情异常的情况，如果母牛发情不正常，可能是由于生殖系统疾病或其他健康问题引起的，应采取相应的治疗措施，避免影响母牛的繁殖能力和生产性能。母牛发情鉴定工作是提高母牛繁殖效益、优化饲养管理、促进畜牧业发展的重要环节。母牛发情鉴定方法主要包括外部观察法、试情法、直肠检查法、阴道检查法和激素测定法等，随着鉴定技术的不断成熟，以及计算机云技术的发展，在规模化养殖场也涌现出大量的现代鉴定发情的技术。

（一）外部观察法

母牛发情的外部观察法是一种直观且有效的鉴定方法，主要通过观察母牛在发情期间的外部行为和体征变化来判断其是否发情及发情所处的阶段。主要观察母牛的行为表现、体态特征以及生殖器官的变化。

发情期的母牛通常表现出兴奋、不安定的状态，可能会在牛舍内来回走动，或频繁张望、哞叫。在发情初期，母牛可能只是接受爬跨，而到了发情中期和盛期，母牛可能会主动爬跨其他牛。发情期的母牛由于体内激素的变化，可能会导致食欲下降或拒食，体温略有升高（提升 0.7～1 ℃）。

发情期的母牛外阴部会出现明显的肿胀和充血现象，并分泌出透明的黏稠液体。随着发情的进行，外阴部的肿胀程度会逐渐减轻，分泌的液体也会由透明变为稍有乳白色并混浊。同时，母牛的阴门会频繁开张，有时可见到黏液滴落。母牛尾部通常会高举或摇摆不定，特别是在接受爬跨时更为明显。而在发情末期，母牛的尾部会紧贴阴门而不上举。母牛阴道黏膜会充血潮红，表面光滑湿润，并分泌出大量透明的牵缕性黏液。黏液在发情初期较为黏稠且不易拉断，而在发情中期和盛期则变得更为稀薄且牵缕性强，到了发情末期，黏液的量和黏性都会逐渐减少。可以根据母牛的发情表现，判断母牛的发情初期、中期和后期。

1. 发情初期

母牛开始表现出兴奋不安、食欲减退等症状，外阴部开始肿胀并分泌出少量透明黏液，如清水样，黏性较弱。此时母牛不太愿意接受其他母牛的爬跨。

2. 发情中期

母牛的兴奋程度达到高峰，外阴部肿胀明显并分泌出大量透明的牵缕性黏液，不易拉断，阴唇肿胀明显，母牛哞叫不已。此时母牛可能会主动爬跨其他牛（发情母牛爬跨见图 8-4），并表现出强烈的性冲动。

图 8-4 发情母牛爬跨其他牛

3. 发情末期

母牛的兴奋程度逐渐减弱，外阴部肿胀减轻并分泌出少量乳白色混浊的黏液，黏膜变为淡红色，并且肿胀逐渐消退，母牛不再哞叫。此时母牛会拒绝接受其他牛的爬跨，并表现出安定的状态。

在进行外部观察时需要注意，应保持安静的环境，避免惊扰母牛。观察时应仔细、全面，注意捕捉母牛发情时的细微变化。对于发情不明显的母牛，可以结合其他鉴定方法（如试情法、阴道检查法等）进行综合判断。

（二）试情法

鉴定母牛发情的试情法是一种常用的方法，它利用公牛或经过训练的试情公牛对母牛进行接触，通过观察母牛的反应来判断其是否发情。试情法利用公牛对发情母牛的敏感性和吸引力，通过观察公牛与母牛的互动情况，来判断母牛是否发情。

试情时应选择体质健壮、性欲旺盛的青年公牛作为试情公牛，试情公牛应经过适当的训练，以确保其能够准确识别并接近发情母牛。如果试情公牛试图爬跨某头母牛，且母牛表现出愿意接受的态度（如弯腰弓背、开张后肢等），则表明该母牛可能处于发情期。发情母牛在接触试情公牛时，通常会表现出兴奋、不安、排尿增多等现象。相反，如果母牛对试情公牛的接触表现出冷漠、逃避或攻击等态度，则表明该母牛可能未发情或处于发情末期。

试情法操作简便，易于掌握。适用于群养的繁殖母牛，能够节省人力和时间。通过观察公牛与母牛的互动情况，能够直观地判断母牛是否发情。在进行试情时，应确保试情公牛与母牛之间的安全距离，避免发生意外伤害。在使用试情法时，应定期对试情公牛进行健康检查，确保其处于良好的身体状态。

（三）直肠检查法

直肠检查法利用手臂伸入母牛直肠内，隔着直肠壁接触并检查卵巢、卵泡、子宫角、子宫颈等生殖器官的发育和变化情况。由于直肠与生殖器官相邻，因此通过直肠可以清晰地感知到生殖器官的形态和变化，从而判断母牛是否发情。

1. 直肠检查法的操作步骤

（1）准备工作

将受检母牛保定于固定架内，确保母牛稳定且不会受到伤害。剪短并磨光检查人员的手指甲，冲洗干净手臂并涂上润滑剂（如肥皂水）。准备好必要的检查工具，如手套、润滑剂、记录本等。

（2）直肠检查

检查人员站在母牛的后方，将尾巴拉向一侧，使肛门充分露出。手指并拢呈锥状，轻轻旋转并慢慢插入肛门，排出宿粪。缓慢向前伸入手臂，触摸并检查卵巢、卵泡、子宫角、子宫颈等生殖器官。

（3）观察并记录

触摸卵巢时，注意卵巢的大小、形状、质地以及卵泡的发育情况。检查子宫角时，注意子宫角的形态、大小及变化，如子宫角是否增大、是否有波动感等。观察子宫颈的质地、大小及位置变化，如子宫颈是否变软、是否增大等。记录检查过程中观察到的所有信息，以便后续分析和判断。

2. 直肠检查法的判断标准

（1）卵泡发育情况

卵巢表面有卵泡发育，卵泡直径约为 0.5 cm，相当于发情前期。卵泡直径逐渐增大至 1～1.9 cm，呈小球形，突出于卵巢表面，波动明显，相当于发情中期至末期。卵泡体积进一步增大，卵泡液增多，检查时有一触即破的感觉，相当于发情后期。

（2）子宫角和子宫颈的变化

发情母牛子宫角体积增大，子宫收缩反应明显，子宫角坚实。子宫颈变软、稍大，易于触摸和识别。

（3）黄体的形成

在排卵后 6～8 h，黄体开始形成。刚形成的黄体直径为 0.6～0.8 cm，触摸时感觉柔软如鲜肉样组织。完全成熟的黄体直径为 2～2.5 cm，稍微有点硬且有弹性，突出于卵巢表面。

（四）阴道检查法

阴道检查法利用开膣器打开母牛的阴道，通过手电筒等光源观察阴道黏膜、子宫颈口及黏液的变化情况，从而判断母牛是否发情。发情母牛的阴道黏膜会充血、潮红，子宫颈口开张，并有大量黏液流出。

1. 操作步骤

（1）准备工作

将母牛保定在固定架内，确保母牛稳定不动。使用 0.1% 的高锰酸钾溶液或 1%～2% 的来苏儿溶液消毒母牛的外阴部位，再用清水冲洗干净，并用灭菌布巾擦干。准备好开膣器、手电筒、润滑剂、记录本等必要的检查工具。

（2）阴道检查

检查人员戴上手套，用灭菌的润滑剂涂抹在开膣器上。左手轻轻拨开母牛的阴唇，右手持开膣器慢慢插入阴道，直至顶端。横转开膣器，使其充分打开阴道，然后用手电筒照射观察阴道内的变化。

（3）观察并记录

观察阴道黏膜的色泽、充血程度及湿润度。检查子宫颈口的开张情况，以及是否有黏液流出。记录观察到的所有信息，包括阴道黏膜的变化、子宫颈口的开张程度及黏液的性状等。

2. 判断标准

（1）发情初期

阴道黏膜充血、肿胀、潮红，并附有少量黏液。子宫颈口有点开张，但尚未完全打开。

（2）发情期

阴道黏膜充血、肥大，腺体分泌增多。子宫颈口完全开张，有大量黏液流出，黏液呈透明状，量较多。

（3）发情末期

阴道黏膜变薄，腺体变小，黏液变少。子宫颈口开始闭合，黏液变得黏稠且稍混浊。

3. 注意事项

在进行阴道检查时，应确保操作轻柔、缓慢，避免对母牛造成不必要的伤害。检查人员应具备一定的专业知识和经验，以确保检查的准确性和安全性。检查过程中应严格遵守技术操作规程，防止操作不当给母牛带来病患。对于发情不明显的母牛，可能需要结合其他鉴定方法进行综合判断。

（五）激素测定法

母牛在发情时，体内的激素水平会发生显著变化，特别是黄体酮和雌激素的水平。发情时，黄体酮水平降低，而雌激素水平升高。通过测定母牛血液、奶样或尿样中的这些激素水平，可以判断母牛是否发情及发情所处的阶段。使用酶联免疫测定技术（ELISA）或放射免疫测定技术（RIA）等生化分析方法来测定样本中的黄体酮和雌激素水平。这些技术基于抗原与抗体之间的特异性结合反应，通过测量反应液的颜色变化或放射性强度来推算激素水平。

（1）发情初期

母牛雌激素水平开始升高，但尚未达到峰值，但黄体酮水平逐渐降低。

（2）发情盛期

雌激素水平达到峰值，此时母牛发情表现最为明显，黄体酮水平继续降低，处于较低水平。

（3）发情末期

母牛雌激素水平开始下降，黄体酮水平可能开始回升，或仍处于较低水平但开始有上升趋势。

在实际养殖中应根据实验室条件和测定需求选择合适的测定方法。ELISA 方法操作简便、灵敏度高，适用于大量样本的快速测定；而 RIA 方法则具有更高的特异性，但操作相对复杂。

四、母牛的配种

（一）配种时间

母牛发情开始后 12～18 h 是配种的最佳时机，2 次输精应间隔 8～12 h，即实行“上午发情下午配种，下午发情第二天早上配种”的原则。另一个适宜配种的时间是母牛性欲刚消失至消失后 5 h，这时发情母牛已不接受爬跨，表现安静，阴道黏液黏稠。还可以在卵泡发育的第三期，即卵泡成熟期进行直肠检查，并在配种后 10～12 h 进行排卵检查。如果卵泡仍没有破裂排卵，应再配种一次。母牛多在夜间排卵，生产中应在夜间输精或清晨输精，避免气温高时输精，尤其在夏季，以提高受胎率。对老、弱母牛，其发情持续期短，配种时间应适当提前。

（二）配种方法

1. 自然交配

母牛配种的自然交配法是一种简单且原始的配种方式，即将公牛和母牛关在一起，当母牛发情时，公牛通过爬跨母牛自行进行配种。这种方法在混养的畜群中尤为常见，当母牛发情后，公牛便可以随意交配。牛配种的自然交配法是一种简单而原始的配种方式，适用于小型养殖场或家庭牧场。在采用此方法时，应注意防止近亲繁殖、观察交配情况并选择合适的配种时间。同时，这种方法也存在自身的局限性，即对公牛的利用率低，购牛价高，饲养管理成本也高，且易传染疾病，生产上不宜采用。随着科技的发展，自然交配已被人工授精替代。

2. 人工授精法

母牛配种的人工授精法是一种现代、高效的繁殖技术，它可以通过人为操作将优质公牛的精液输送到母牛体内，从而提高受孕率和繁殖效率。在我国大面积开展黄牛改良的工作中，人工授精已成为养牛业的现代、科学繁殖技术，并且已在全国范围内广泛推广应用，其加速了母牛育种工作进程和繁殖改良速度（使用优质肉公牛可以生产出优良的后代），极大地提高了优良公牛的配种效率（一头公牛则可配 6 000～12 000 头母牛）和配种母牛的受胎率，避免了生殖器官直接接触造成的疾病传播。在规模化养殖场内适用该方法，可以显著提升肉牛的繁殖效率。

（三）人工授精技术

1. 精液采集

种公牛站利用饲养的良种种公牛，可提前采集优质精液制备成冷冻精液备用。

（1）采精前准备

采精场应建立在宽敞、平坦、安静、清洁的房间中，面积一般为10 m×10 m，并附设喷洒消毒和紫外线照射杀菌设备。室内温度应易控制，保持在适宜的范围内，以确保公牛在采精过程中保持舒适。准备假阴道（人工阴道）、集精杯、润滑剂、稀释液、消毒剂等必要的器具和物品。假阴道应正确安装，并保持适当的温度（38～40 ℃）、压力和润滑度。所有器具在使用前都应进行严格的消毒处理，以防止疾病传播。选择健康、体格适当、性情温顺、性欲旺盛的公牛进行采精。在采精前，应对公牛进行调教，使其适应假阴道的采精方式。

（2）采集方法

① 假阴道法。这是最常用的采精方法。将公牛引至台畜后面，采精员右手握持备好的假阴道。当公牛准备起步爬跨时，采精人员用左手取下盖假阴道入口的灭菌纱布。公牛爬跨后，迅速用左手准确地托握公牛包皮（切勿触摸阴茎），将阴茎导入假阴道入口。使假阴道靠在台牛（或假台牛）臀侧，随后公牛的后躯向前一冲即完成射精。射精后，不要立刻取下假阴道，要让其顺着公牛自然滑下，然后自然地取下假阴道。将假阴道内的精液倒入集精杯中，并进行后续处理。② 按摩法。此方法不常用，且采集的精液质量可能较差。操作时，先排出直肠内的宿粪，然后手伸入直肠约 25 cm 处，轻轻按摩精囊腺，使精囊腺分泌物自包皮流出。接着按摩阴茎的输精管，刺激公牛流出精液。由助手将精液接入集精杯内。

（3）注意事项

① 保持无菌操作。在整个采集过程中，应确保无菌操作，防止精液被污染。使用经过消毒的器具和物品，避免交叉感染。② 合理安排采精频率。根据公牛的年龄、体况和性欲情况，合理安排采精频率。避免过度采精导致公牛生殖功能下降或体质衰弱。③ 关注公牛健康。在采精过程中，应密切关注公牛的健康状况。如发现公牛有异常情况，应及时停止采精并进行检查和治疗。

在确保公牛精液采集量最大化的同时，维护其健康状态与生殖功能的正常运作，关键在于合理设定采精频次，即需精心规划公牛在1周内的采精次数。通常而言，一头种公牛在1周内的采精频次可设定为2～3次，或者采取每周1次但连续2个周期收集其射精量的方案。对于体质强健、经过科学饲养管理的公牛，每周3次的采精操作并不会对其繁殖能力产生负面影响。然而，对于青年公牛而言，应适当减少采精次数。值得注意的是，无节制地增加采精频次，不仅会致使精液质量下滑，还可能引发公牛生殖机能衰退、体质下降等一系列不良后果，从而影响其长期繁殖性能。

2. 精液品质检测

（1）射精量

正常情况下，肉牛的一次射精量为5～10 mL。射精量超过此范围可能表明精液质量较好，而低于此范围则可能表明精液质量较差。

（2）色泽和气味

正常的肉牛精液应为浓厚的乳白色或乳黄色，且略带腥味。被脓、血或尿液污染的精液可能会出现绿色或其他异常颜色，并伴有强烈的腥臭味。

（3）酸碱度（pH）

精液的酸碱度对鉴定其品质有很大帮助。pH值偏低的精液较偏高的精液精子活力好，受精能力也高。

（4）精子活力

精子活力的高低是判定精液品质优劣和精子受精能力的重要指标之一。精子活力好的精液，精子活率高且直线运动速度快。检查精子活力时，通常在38～40 ℃的温室或保温箱内进行，使用显微镜观察精子的活动情况。评定精子活力的等级一般用%制，原精活力低于60%，冻精活力低于40%的精液，评为不合格或不及格，不能用于输精。

（5）精子密度

精子密度是指每毫升精液中所含有的精子数目。测定精子密度的目的是确定稀释倍数和输精量的大小。精子密度的估测通常与检查精液活力同时进行，其密度可粗略地分为密、中、稀3级。密级表示精子充满整个视野，精子间空隙很小；中级表示精子在视野中较分散，能看到一定的空隙；稀级表示精子间空隙很大。使用血球计数器来计算单位面积里精子的数目，是一个比较准确的方法。

（6）精子畸形率

形态异常的精子被称为畸形精子，如短小、头尾分离、尾部残缺、尾部弯曲、双头及双尾等。正常精液的精子畸形率不得超过15%，否则为劣质精液，不可做输精用。

（7）牛冻精的国际要求

采精用的种公牛应具有种用价值，外貌评分为特等或一等，体质健康，无遗传病，不允许有已发布的动物防疫法中所明确的二类疫病中的任何一种；新鲜精液色泽乳白色或淡黄色，精子活率≥0.65，精子密度≥6×10^8个/mL，精子畸形率≤15%；细管无裂痕，两端封口严密；每剂量肉牛冻精解冻后精子活率≥0.40，前进运动精子数≥800万个，精子畸形率≤18%，细菌数≤800个；每剂量水牛冻精解冻后精子活率≥0.40，前进运动精子数≥1 000万个，精子畸形率≤20%，细菌数≤800个。

3. 精液解冻与保存

（1）冻精解冻

冷冻精液的解冻是能严重影响精液冷冻质量的重要环节，这个环节操作不当将会造成精子在复苏过程中的大量死亡，导致牛的受胎率下降，从而增加牛的产犊间隔和饲养成本，造成不必要的损失。养殖中最常用的冻精解冻方法为恒温水浴解冻法：将牛冻精的密封袋放入38～40℃的温水中，注意水温不要过高，以免牛冻精受热受损。同时保持水温稳定，定期更换温水。解冻要做到“三快”，即快取、快投、快溶解，应迅速打开液氮罐，左手拿着含有精液的提漏提到罐颈口，右手拿着长镊子夹住细管，轻轻甩去细管上的液氮，迅速置于38～40℃的温水中，摇动10～20 s，融化解冻。

解冻前检查细管体是否有裂纹和封口不严的现象，如有则弃之不用。解冻后的精液如需异地输精，且间隔时间在2 h以上的情况下，应将其放在保温杯中保存运输。解冻后的细管应用消毒纱布抹干外围水分，再用细管剪剪去封口端，注意剪口要正、断面要平整。

（2）运输与保存

在移动液氮罐时，应轻拿轻放，防止碰撞倾斜，保护好真空抽气阀。运输时，应铺垫厚软垫子并适当固定液氮罐，根据运输条件用厚纸箱或木箱装好并牢固地系在车上，以免颠簸冲撞。在冻精保存期间，应经常检查液氮罐的状况。如发现液氮消耗显著增加或容器外挂霜等异常情况，应立即更换液氮罐。当液氮容量不足 1/2 时，应及时补充，最低液氮量不能低于罐子全容积的 1/3。

在取放冷冻精液时，只能将提放冻精的提桶或包装物提到容器颈的基部，不得提到颈口外。动作要迅速，若经 10 s 尚未取放完，应放回液氮中浸泡一下再继续取放。贮存的冻精需要向另一个容器转移时，在容器外停留时间不得超过 5 s。如需时间较长，应在盛装液氮的容器中进行处理。

4. 人工输精

肉牛人工授精的输精方法是一项精细的技术操作，关键在于确保精液能够准确、有效地送达母牛的生殖道内，从而提高受胎率，常用的主要是直肠把握子宫颈输精法。

（1）直肠把握子宫颈输精法

①准备工作。准备好经过解冻并检查合格的精液，将输精器清洗干净并消毒，确保无菌操作。将母牛保定好，尾巴用细绳拴好拉向一侧，方便操作。②清洗消毒。使用清洁温水冲洗母牛外阴部并擦干，操作人员手臂涂上润滑剂，五指并拢，捏成锥形。③直肠把握子宫颈。操作人员一只手伸入母牛直肠内，徐徐深入排出宿粪，并向盆腔底部前后、左右探索子宫颈。纵向握住子宫颈，用前臂下压会阴，使阴门张开。④输精操作。另一只手持输精器，由阴门插入，先向上倾斜插，避开尿道口。然后平插，直至子宫颈口。此时两手配合，将输精器前端插入子宫颈内适当深度（一般为 5～10 cm）。缓慢注入精液，避免造成精子死亡或精液逆流，输精完成后，缓慢抽出输精器。

（2）注意事项

①操作规范。操作过程应严格遵守无菌原则，避免污染精液或母牛生殖道。插入输精器时应小心谨慎，避免损伤阴道壁和子宫颈。②精液质量。使用的精液应经过解冻并检查合格，确保精子活力和数量达到要求。精液在解冻后应尽快使用，避免长时间暴露于室温下导致精子死亡。③母牛发情鉴定。在进行人工授精前，应对母牛进行发情鉴定，确保其在适宜的发情期内。发情鉴定可通过外部观察法、阴道检查法以及直肠检查法等方法进行。④最佳授精时间。最佳授精时间是发情期的后半期到随后的 6 h 之内，在此期间进行人工授精，可提高受胎率。

五、母牛妊娠管理

（一）妊娠诊断

母牛妊娠诊断方法有多种，养殖户可以根据实际情况选择合适的方法进行诊断。同时，为确保诊断结果的准确性，建议定期进行复查并咨询专业兽医的意见。

1. 外部观察法

母牛正常的发情周期约为 21 d。如果母牛在配种后的下一个发情周期没有表现出发情征兆，可能表示已经怀孕。但这种方法准确率较低，约为 60%。此外，怀孕的母牛通常性情会变得温驯，食欲增强，体重增加，毛发变得油亮柔顺。这些变化可以作为初步判断的依据。

2. 阴道检查法

通常在配种后 30 d 左右进行。妊娠的母牛阴道黏膜会呈现苍白色，无光泽，表面干燥，且阴道黏液浓稠呈白色。子宫颈口会偏向一侧，不开口，并被灰暗呈胶状的黏液封闭。

3. 直肠检查法

一般在配种后 50～60 d 进行。通过直肠触摸子宫，怀孕母牛的孕侧子宫角会变粗，有波动感，两子宫角之间结合沟不明显。同时，可在孕侧卵巢上触摸到明显的黄体。直肠检查法较为准确，但操作有一定难度，需要一定的经验。

4. 妊娠血管观察法

配种后 30～40 d。怀孕的母牛瞳孔的正上方虹膜上会出现 3 条特别显露的竖立血管，即所谓的妊娠血管。这些血管充盈突起于虹膜表面，呈紫红色。而没有怀孕的母牛虹膜上血管细小而不显露。

5. 牛早孕快速检测卡

基于先进的生物技术和免疫学原理，通过检测牛尿液或血清中的特定物质（如孕酮或早期妊娠相关糖蛋白 PAGs）来判断母牛是否怀孕。采集牛的新鲜尿液或按常规方法抽取血液并分离出血清，将样本缓慢滴加到检测卡的加样孔内，在室温下放置一段时间后（通常为 10～15 min），观察检测卡上的显色情况，根据说明书上的判断标准确定母牛是否怀孕。这种检测方法操作简便快捷、准确度高、经济实惠且适合在基层推广应用。

6. B 超检查法

通常在配种后一段时间（如 20～30 d）进行。通过 B 超仪观察胎泡的位置、大小以及胎儿各部的轮廓和心脏跳动情况等来判断母牛是否怀孕以及是单胎还是双胎。直观准确且对母牛无伤害，但成本相对较高且需要专业设备和技术人员支持。

（二）日常护理

妊娠母牛的日常护理是确保其健康、胎儿正常发育以及顺利分娩的关键环节。

1. 营养管理

妊娠母牛需要全面、均衡的营养，以满足胎儿的生长发育需求。饲料配方可以包括 5% 妊娠母牛预混料、玉米、麸皮、豆粕和小苏打等，确保母牛获得足够的能量、蛋白质、矿物质和维生素。① 怀孕初期。适当限饲，确保胚胎顺利着床。② 怀孕中期。日粮应具有一定的体积，使母牛有饱感，同时避免压迫胎儿。饲料应带有轻泻性，防止便秘，因为便秘可能导致流产。③ 怀孕后期。增加精饲料的补给，并搭配一些青绿多汁的饲料，以满足胎儿快速生长的需要。

严禁喂菜籽饼、棉籽饼、酒糟等有毒或刺激性强的饲料，以及发霉、变质、冰冻的饲料，防止流产。

2. 环境管理

保持牛舍清洁卫生，定期消毒，保持空气新鲜。牛舍及周围环境应定期打扫，及时清理粪便和污物。冬季要注意防寒保温，夏季要注意防暑降温。饮水温度要求不低于 8～10 ℃，避免给母牛饮用冷水。妊娠母牛应适当运动，增强体质，促进消化，防止难产。但分娩前几天应减少运动。放牧时，怀孕母牛要单独组群，禁止与发情母牛、公牛混合，避免因挤撞、打架及爬跨等造成流产或早产。

3. 疫病防治

尽可能将疫苗注射时间安排在母牛空怀期，实在无法避开妊娠期的情况下则要尽量避开妊娠前期和临产前两个阶段。应尽可能将驱虫安排在配种前，若母牛妊娠期感染寄生虫需要驱虫的情况，同样应尽量避开妊娠前期和临产前两个阶段，同时应采用毒性较小的驱虫药物和严格掌控药物用量。妊娠母牛患病治疗时用药必须谨慎，避免使用可能导致胎儿畸形或流产的药物。在抓牛、用药时动作要轻缓，尽量不要让母牛受到惊吓应激。

4. 预产期管理

做好预产期的推算登记，以便提前做好分娩准备。为母牛准备干净、舒适的分娩环境，准备好接产和护理所需的物品和工具。

5. 其他注意事项

经常观察母牛的行为及体征变化，发现异常情况时要及时处置。如母牛出现食欲减退、精神不振、阴道流出异常分泌物等症状时，应及时请兽医诊治。对怀孕母牛不鞭打、不追赶、不惊吓、不冲冷水浴，减少人为的不良应激反应。为了提高母牛产后的泌乳能力，有条件时可常按摩乳房，训练母牛两侧卧的习惯。

六、分娩与助产

（一）分娩

分娩是指母牛经过一段时期的妊娠后，将已经成熟的胎儿以及附属膜从子宫排出体外的过程。

1. 分娩预兆

母牛在分娩前，乳房会经历显著的变化。初产牛在妊娠四个月后乳房开始增大，而经产母牛则在生产前 15～30 d 乳房发育变化明显。分娩前 2 d 左右，乳房极度臌胀，皮肤发红，乳头饱满，并可挤出初乳。母牛的外阴在分娩前会肿胀、柔软，并出现皱襞展平的现象。骨盆韧带也会变得柔软、松弛，特别是在分娩前 7～10 d 开始明显软化，壁部肌肉出现塌陷。临近分娩时，母牛会表现出活动困难、起立不安、举尾回顾，常做排泄姿势、食欲减退或停止等行为。同时，临产前 4 周体温逐渐升高，在分娩前 7～8 d 高达 39～39.5 ℃，但至分娩前 12～15 h 又下降 0.4～1.2 ℃。

2. 分娩特点

由于母牛的产道、胎儿及胎盘结构的特点，母牛在分娩过程中常表现出如下特点。

（1）产程长，易难产

因牛的盆骨构造复杂，骨盆轴呈 S 状折线，胎儿的头部、肩胛及臀围较大，所以牛的产程较长，牛的头部额宽是胎儿最难排出的部分，易难产。

（2）胎衣易滞留

牛的胎衣排出时间较长，为 2～8 h。牛的胎盘属于上皮绒毛膜与结缔组织绒毛膜混合型胎盘，胎儿胎盘包被着母体胎盘，子宫肌的收缩不能促进母体胎盘和胎儿胎盘的分离，当母体胎盘的肿胀消退后，胎儿胎盘的绒毛才能从母体胎盘上脱落。

3. 分娩过程

母牛的分娩过程可以分为三个阶段：开口期、产出期和胎衣排出期。开口期持续时间较长，一般平均为 2～6 h，此时母牛体内黄体激素减少，催产素分泌。母牛表现不安和阵痛，子宫发生微弱的长间歇性收缩，将胎儿推入子宫颈。

产出期持续时间一般在 0.5～4 h。此时母牛的不安加剧，时卧时起，背弓努责。子宫、腹壁和横膈膜发生强烈收缩，收缩时间长间歇时间短。经多次努责后，胎囊由阴门露出，10～20 min 后羊膜破裂，然后胎儿前肢和头部露出，再经过强烈努责将胎儿排出。在胎儿娩出过程中，要密切观察母牛和胎儿的情况，确保分娩顺利进行。如果胎儿出现难产或异常情况，应及时进行助产或采取其他必要的措施。

胎衣排出期持续时间为胎衣在胎儿娩出后 5～8 h 排出，最长的 12 h。此时母牛在胎儿娩出后，子宫会继续收缩以排出胎衣。如果胎衣超过 12 h 仍未排出，则需要进行处理以防止感染。

4. 分娩后的护理

胎儿娩出后，应彻底清除其口鼻腔中的黏液，以利呼吸。如果胎儿脐带自己断裂，在断端用碘酊充分消毒；如果人工断脐带，应在脐动脉停止跳动后进行，以防失血。断脐带的部位在离腹壁 3～5 cm 处，断脐带前要涂以碘酊消毒，断脐带后其断端还应用碘酊充分消毒。确保胎儿出生后处于温暖、干燥的环境中，避免受到寒冷和潮湿的影响。

（二）助产

1. 助产原则

分娩是母牛正常的生理过程，一般情况下，不需要助产而任其自然产出。助产人员的主要任务是监视分娩情况和护理新生犊牛，避免过早或不必要的干预。助产人员应密切观察母牛的分娩进展，包括胎儿的位置、姿势和母牛的努责情况等。当发现胎位不正时，应及时用手进行矫正，确保胎儿能够顺利通过产道。矫正胎位时，应将消毒干净的手伸入母牛的产道内，通过轻柔推动来改变胎儿的位置。如果产道干燥或狭窄，或胎儿过大时，可向阴道内灌入肥皂水或植物油润滑产道，以便于拉出胎儿。当胎儿的前肢和头部露出阴门时，如果母牛努责微弱，助产人员应适时牵拉胎儿，帮助其顺利通过产道。但牵拉时用力不要过猛，以防止发生阴道和子宫脱出。

2. *助产方法*

（1）药物助产

当母牛出现难产症状时，可以尝试使用催产药物来促进分娩。常用的催产药物包括氯前列烯醇等，可以刺激子宫收缩，帮助胎儿顺利分娩。使用催产药物时，需要注意剂量和用药时间，避免对母牛和胎儿的健康产生负面影响。

（2）矫正胎位

当母牛难产时，应首先观察胎儿的位置和姿势是否正常。如果胎儿胎位不正，如头颈侧弯或前腿弯曲等，需要用手进行矫正。矫正胎位时，应将消毒干净的手伸入母牛的产道内，通过轻柔推动来改变胎儿的位置。

（3）按摩推胎

按摩推胎可以促进子宫收缩，加快胎儿的出生。同时，用手指轻柔地按摩母牛腹部，从前向后、从上到下地进行按摩。注意按摩的力度要轻柔均匀，可以用手掌和手指配合进行。同时，另一个人可以用力推胎，但推胎的力度要适当，不能过大。

（4）使用产钳

在使用产钳之前，需要先检查胎儿的位置和胎位是否正确。如果胎位不正，需要先进行手动矫正。将消毒后的产钳插入母牛生殖道内，找到胎儿的前肢或头部，并轻轻夹住。然后，沿着胎儿的身体插入产钳，直到夹住胎儿的头部或后肢。在夹住胎儿的同时，要适当地拉动产钳，帮助胎儿顺利通过产道。

（5）手术助产

如果以上方法都无法解决母牛难产的问题，就需要及时进行手术助产。常见的手术方法有剖腹产和剖宫产等。手术助产需要在确保母牛和胎儿生命安全的前提下进行，并需要在权衡利弊后进行决策。

注意助产之前需要提前将助产工具、母牛的后躯、尾部和外阴等部位进行彻底消毒处理，避免造成母牛感染，诱发母牛子宫内膜炎、阴道炎等疾病。可以使用 0.1 %～0.2 % 的高锰酸钾温溶液或者温肥皂水对母牛的外阴部位进行冲洗，并使用干净的毛巾将其擦拭干净。

七、其他繁殖技术

（一）同期发情技术

母牛的同期发情技术是一种利用激素制剂人为地控制并调整母牛发情周期进程的方法，旨在使一定数量的母牛在预定时间内集中发情，从而便于集中配种、提高繁殖效率。主要通过控制黄体（延长或缩短其寿命，降低孕酮水平）来使母牛摆脱孕激素控制的时间一致，从而导致卵泡同时发育，达到同期发情的目的。通过同期发情技术，可以使母牛在预定时间内集中发情，从而便于集中配种，提高繁殖效率。同期发情技术有助于母牛群体的统一管理，降低养殖成本。

1. 孕激素处理法

人为地造成黄体期，控制发情。母牛处理一定时间后，同时停药即可引起母牛发情。孕激素包括孕酮及其合成类似物，如甲孕酮、炔诺酮、氯地孕酮、18- 甲基炔诺酮等。

2. 前列腺素处理法

主要溶解卵巢上的黄体，中断周期黄体发育，使母牛同期发情。投药方式有肌注、宫腔或宫颈注入等。前列腺素如氯前列烯醇等仅对卵巢上有功能性黄体的母牛起作用。由于群体中黄体存在于发情周期的各个阶段，所以必须间隔一定天数（如 11 d）后再用药 1 次，才能使群体达到同期化。

3. 注意事项

应选择年龄在2～8岁的地方黄牛，杂交肉牛1.5～8岁。母牛应健康无病，体重和膘情适中（如黄牛200～300 kg，杂交肉牛400 kg以上，中等以上膘情）。要求母牛处于黄体期，即发情后5～17 d，最好是8～12 d。可通过触摸卵巢和询问畜主确定其周期。带犊母牛要求产后2个月以上，子宫恢复正常。注射药物后，以打针当天为0 d，根据母牛的具体情况和药物说明书确定输精时间。一般情况下，黄牛在第3 d、第4 d各按要求输精1次。需要注意不管是否有发情表现都要进行输精。

（二）胚胎移植技术

胚胎移植技术，又称受精卵移植，是一种将优良遗传性状的母牛和公牛交配后的早期胚胎取出，移植到另一头生理状态相同的母牛子宫内，使其继续发育直到分娩的技术。其原理在于利用早期发育的胚胎在子宫角或输卵管内处于游离状态的特点，在配种后的适当时间，利用专门的器具和生理溶液将胚胎冲出，并移植到另一头同种动物的相应部位（子宫角或输卵管）中。如果移植后胚胎所处的生理环境与移植前相同，且与它的发育阶段相适应，胚胎即可继续发育。

1. 供体母牛的选择及饲养管理

供体母牛应具有较高的生产性能，品种特征明显，体型外貌良好，遗传性能稳定，系谱清楚。同时，要求供体母牛健康无病，繁殖机能正常，没有流产史，产后60 d以上，发情周期正常。直肠检查子宫及卵巢发育正常，无生殖系统疾病。母牛体格较大、膘情中等以上、性情温顺。年龄以1.5～8岁为宜，从超排效果和便于冲胚考虑，最好选择1～2胎经产母牛。营养是影响母牛繁殖能力的主要因素，供体母牛要加强饲养管理，保证足够的优质青粗饲料、精料以及维生素、矿物质等，保证清洁饮水。

2. 胚胎移植技术流程

（1）超数排卵

通过注射促卵泡素（FSH）、氯前列烯醇（PG）或阴道栓（CIDR）等药物，使供体母牛超数排卵。

（2）人工授精

在供体母牛发情后的适当时间，进行人工授精。

（3）胚胎采集

在发情配种后的第 7 d（发情当天为 0 d）冲胚，也可在第 6 d 或第 8 d 冲胚。采集胚胎时，需要按照无菌要求进行操作，确保胚胎不受污染。

（4）胚胎质量鉴定

在体视显微镜下对胚胎进行质量鉴定，根据胚胎分裂与否、形态色调、分裂球大小、均匀度、细胞的密度、透明带以及变性情况等划分等级。A 级、B 级、C 级胚胎为可用胚胎，其中 A 级、B 级为可冷冻胚胎，C 级胚胎只能用于鲜胚移植，D 级胚胎为不可用胚胎。

（5）受体母牛同期发情处理

通过注射前列腺素（PG）等药物，使受体母牛的发情时间与供体母牛基本一致，相差时间最好提前一天。

（6）胚胎移植

将鉴定为优良的胚胎移植到受体母牛的子宫内。移植时，要确保胚胎处于正确的位置，并避免对生殖道造成损伤。

3. 应用优势

胚胎移植技术可以充分发挥优秀母牛的遗传和繁殖潜力，大大增加优秀母牛的群体数量。同时，该技术也为家畜基因库的建立、品种资源的引进和交换，以及减少疾病传播等提供了良好措施和条件。在肉用养牛业中，应用胚胎移植技术可以制造人工双胎，即向母牛的两个子宫角分别移植一个胚胎；或在配种受胎之后再添移一个胚胎。当某一个体不能妊娠产仔时，可将其胚胎移植给其他母畜体代孕。

第九章 营养需要和饲养标准

第一节 肉牛的营养需要

肉牛的营养需要包括能量、蛋白质、矿物质、维生素和水分等多个方面。为了满足这些需要，饲养者应根据肉牛的品种、生长阶段、体重以及环境条件等因素制订合理的饲养管理方案，以确保肉牛的健康生长和高效育肥。

一、水

水对动物的营养作用至关重要，它是动物生长发育、增重等一切生理活动的基础。

（一）水对肉牛的营养作用

1. 构成机体的重要成分

肉牛体内含水量为50%～70%，牛肉含水量约64%。水在肉牛体内起着溶解、运输营养物质，以及参与代谢反应的重要作用。

2. 维持体温恒定

水的热容量大和蒸发热高，有助于肉牛在炎热天气下通过蒸发汗液来散热，从而维持体温恒定。

3. 促进消化吸收

水是各种营养物质在肉牛体内消化、吸收、运输、代谢的媒介。缺水会导致代谢紊乱、消化吸收障碍，以及代谢产物排泄困难。

4. 保持血液流动

水是血液的主要成分之一，缺水会导致血液黏稠度增加，影响血液循环和营养物质的输送。

（二）肉牛的饮水量情况

1. 饮水需求

肉牛每天都需要饮水，且饮水量受多种因素影响，如年龄、体重、生产水平、采食量、环境温度等。在一般情况下，饲料中的水分是不能满足牛体需要的，必须每天定时供水。最好让牛自由饮水，不能缺水或断水。

2. 饮水量范围

一般肉牛每头每天需水 26～66 L。肉牛每采食 1 kg 饲料，在 10 ℃以下时，需饮水 3.5 L；在 10～15 ℃时，需饮水 3.6 L；在 15～21 ℃时，需饮水 4.1 L；在 21～27 ℃时，需饮水 4.7 L；在 27 ℃以上时，需饮水 5.5 L。

3. 饮水注意事项

饮水应清洁卫生，经常清洗水槽，避免污染。饮水温度应适宜，冬天饮温水、夏季饮凉水，以利于肉牛增重。

二、干物质

肉牛干物质进食量（DMI）受体重、增重速度、饲料能量浓度、日粮类型、饲料加工、饲养方式和气候因素的影响。

（一）干物质需要量

根据国内的各方面试验和测定资料汇总得出，日粮代谢能浓度在8.4～10.5 MJ/kg 干物质时，生长育肥牛的干物质需要量计算公式为：

$$DMI=0.062W^{0.75}+(1.5296+0.00371\times W)\times G$$

式中，$W^{0.75}$ 为代谢体重（kg），即体重的 0.75 次方；W 为体重（kg）；G 为日增重（kg）。

妊娠后半期母牛供参考的干物质进食量为：

$$DMI=0.062W^{0.75}+(0.790+0.005587\times t)$$

式中，$W^{0.75}$ 为代谢体重（kg），即体重的 0.75 次方；W 为体重（kg）；t 为妊娠天数（d）。

哺乳母牛供参考的干物质进食量为：

$$DMI=0.062W^{0.75}+0.45FCM$$

式中，$W^{0.75}$ 为代谢体重（kg），即体重的 0.75 次方；W 为体重（kg）；FCM 为 4% 乳脂标准乳预计量（kg）。

（二）影响干物质需要量的因素

1. 体重

肉牛的体重越大，其维持生命活动所需的能量和营养物质就越多，因此干物质的需要量也相应增加。

2. 年龄与生理阶段

不同年龄和生理阶段的肉牛对干物质的需要量也不同。例如，育肥期的肉牛需要更多的能量和蛋白质来支持其生长和增重，因此干物质的需要量相对较高。而老龄牛或处于维持期的肉牛，其干物质需要量则相对较低。

3. 生产性能

肉牛的生产性能，如日增重、屠宰率等，也会影响其干物质的需要量。高产性能的肉牛需要更多的营养物质来支持其生产活动，因此干物质的需要量也相应增加。

4. 饲料品质

饲料品质对肉牛干物质的需要量也有重要影响。优质饲料含有更高的营养成分和更易于消化吸收的物质，因此可以满足肉牛更高的营养需求，并可能减少干物质的需要量。相反，劣质饲料则可能导致肉牛的营养不足，需要增加干物质的摄入量来弥补。

（三）干物质需要量的调整策略

为了满足肉牛对干物质的需要量，饲养者应根据实际情况调整饲料配方和饲养管理策略。例如，在育肥期，可以适当增加能量和蛋白质饲料的比例，以提高肉牛的日增重和屠宰率。同时，也要注意饲料的品质和消化吸收率，确保肉牛能够获得足够的营养物质。

此外，饲养者还应关注肉牛的健康状况和饮水情况。健康的肉牛具有更好的食欲和消化吸收能力，能够更有效地利用饲料中的营养物质。而充足的饮水则有助于肉牛的消化和排泄，减少因缺水而导致的代谢紊乱和疾病发生。

三、能量

肉牛所需的能量主要来源于饲料中的碳水化合物、脂肪和蛋白质。其中，碳水化合物是最主要的能量来源，它主要来源于谷物饲料和粗饲料中的淀粉及粗纤维。脂肪也是重要的供能物质，但通常不作为主要的能量来源。在特殊情况下，如育肥后期，为了增加脂肪沉积，可适当调整饲料中脂肪的比例。

在育肥过程中，肉牛需要摄入足够的能量来支持其肌肉生长和脂肪沉积。能量供应的充足程度直接影响肉牛的饲料转化率，当能量供应不足时，肉牛会消耗更多的饲料来获取所需的能量，导致饲料转化率降低。能量供应的充足与否还关系到肉牛的生产性能，肉牛的育肥速度、屠宰率、肉质等都与能量供应密切相关。

育肥初期为了促进肌肉生长，需要较高的能量摄入。此时，应增加谷物饲料和粗饲料的比例，以提供足够的碳水化合物和粗纤维。

育肥后期为了增加脂肪沉积，可适当减少能量供给，但保证蛋白质的摄入量。此时，可适当降低谷物饲料的比例，增加脂肪和蛋白质饲料的比例。

为了生产中应用方便，营养标准将肉牛综合净能值以肉牛能量单位表示，并以 1 kg 中等玉米所含的综合净能值 8.08 MJ 为一个肉牛能量单位，即 RND=NEmf / 8.08。

四、蛋白质

肉牛对蛋白质的需求量因其生长阶段、体重以及生产目标的不同而有所差异。蛋白质缺乏的牛，食欲不振，消化力下降，生产性能降低；日粮蛋白质不足还会影响牛的繁殖机能。反之，过多地供给蛋白质，不仅造成浪费，而且可能有害。当蛋白质摄入过多时，其代谢产物的排泄加重了肝、肾的负担，来不及排出的代谢产物可导致中毒。

（一）犊牛阶段

3 月龄以前的犊牛，生长速度较快，对蛋白质的需要量很大。在日粮中，蛋白质饲料的含量可占 20% 左右。犊牛长至 6～12 个月、体重 150～200 kg 时，日粮中的蛋白质饲料的含量可降至 15% 左右。

（二）架子牛阶段

体重 300 kg 左右的架子牛，蛋白质饲料在日粮中的比例可占 10%～13%。

（三）育肥牛阶段

在育肥过程中，蛋白质饲料的喂量应适量。喂多了会造成饲料浪费，增加饲料成本，还会给牛的胃肠增加负担；喂少了则不能满足肉牛生长发育对蛋白质的需要，会直接影响育肥效果。随着犊牛体重的增加，日粮中的蛋白质饲料的含量可逐步降至 12% 左右。到育肥末期，蛋白质饲料的含量占日粮的 10% 即可。

肉牛的蛋白质饲料来源广泛，包括植物性蛋白质饲料（如豆粕、棉粕、菜粕、膨化大豆、DDGS、玉米蛋白粉等）在选择蛋白质饲料时，应考虑其消化利用率、氨基酸组成以及成本等因素。

五、粗纤维

粗纤维可以帮助肉牛消化，减缓胃肠过程，并加速肉牛对玉米、豆饼、麦麸等糖类饲料的消化吸收，从而提高肉牛的饲料利用率。大量研究表明，缺乏粗纤维的饲料极易导致肉牛代谢性疾病的发生，如脂肪肝、抗酸中毒和消化不良等。相比之下，含有充足粗纤维的饲料可以改善这些疾病的症状，起到明显的保护作用。粗纤维有助于促进肠道内有益菌群的繁殖和代谢，使肠道环境变得更加适宜有益菌的生长，从而使肉牛更健康，并提高肉质品质。此外，粗纤维还可以填充胃肠道，使肉牛产生饱腹感，并刺激胃肠道，促进胃肠蠕动和粪便排出，保证消化道正常的机能活动，避免便秘的发生。

肉牛对粗纤维的需要量受多种因素影响，包括品种、生长阶段、饲养环境以及饲料中其他营养成分的含量等。

通常情况下，肉牛饲料中的粗纤维含量应不低于 10%，以保证肉牛的健康和最佳生长状态。一些研究表明，肉牛饲料中粗纤维的含量可控制在 10%～15%，中性洗涤纤维（NDF）可控制在 25%～28%，酸性洗涤纤维（ADF）可控制在 19%～21%，一般来说，肉牛饲料中 NDF 总量的 75% 必须由粗饲料来提供，以满足其生理需求。

六、矿物质

（一）常量元素

1. 钙（Ca）

钙是构成骨骼和牙齿的主要成分，参与凝血过程、肌肉和神经兴奋性的调节。肉牛对钙的需求量随着体重和生产阶段的变化而变化。通常，钙的维持需要量为每百千克体重 6 g，生长牛和泌乳牛的需要量更高。对于生长牛，应在维持量的基础上再增加一定的量。妊娠母牛在最后 4 个月可以适当增加钙量，泌乳牛每产 1 kg 4 % 乳脂率的标准乳需增加钙 4.5 g。

2. 磷（P）

磷与钙共同构成骨骼和牙齿，还参与血液、体液、消化液酸碱度的调节，以及能量和脂肪代谢。磷的维持需要量为每百千克体重 4.5 g，生长牛和泌乳牛的需要量同样需要增加。肉牛对钙、磷的吸收是成比例的，最佳比例应为（1.3～2.1）: 1。

3. 钠（Na）与氯（Cl）

钠与氯是食盐的主要成分，能刺激食欲，促进消化，提高饲料利用率。钠与氯的维持需要量为每百千克体重 5 g，每产 1 kg 标准乳需要在维持量基础上增加 1.2 g。

4. 镁（Mg）

镁参与多种酶的反应和能量代谢过程，缺镁会导致痉挛症状。镁的维持需要量因牛的类型而异，幼牛为日粮的 0.07%，产乳牛为日粮的 0.2%，产乳早期为日粮的 0.25%。

5. 硫（S）

硫与氮代谢密切相关，瘤胃微生物可利用无机硫合成含硫氨基酸及维生素 B_1。硫的维持需要量约占日粮的 0.2%，氮、硫比应为 12 : 1。

6. 钾（K）

钾参与维持细胞内外渗透压和酸碱平衡，以及神经和肌肉的兴奋性调节。钾的维持需要量约为日粮干物质的0.8%，在应激特别是热应激存在时，钾的需要量可增至1.2%。

（二）微量元素

1. 铁（Fe）

铁是血红蛋白的组成部分，参与氧的运输和储存。肉牛铁的需要量为50 mg/kg日粮干物质。

2. 铜（Cu）

铜为血红蛋白生成的必需物质，也是多种酶的组成成分或激活剂，参与机体代谢。铜的维持需要量为每千克日粮干物质612 mg。但需注意，牛对日粮中铜的最大耐受量为70～100 mg/kg，长期用高铜日粮喂牛对健康和生产性能不利，甚至引起中毒。

3. 钴（Co）

钴是维生素B_{12}的主要成分，参与蛋白质和碳水化合物代谢。钴的维持需要量为每千克日粮干物质0.1～0.2 mg。

4. 碘（I）

碘构成甲状腺激素的主要成分，调节细胞的氧化速度，参与机体的基础代谢。碘的维持需要量为每千克日粮干物质0.8～1.2 mg。

5. 硒（Se）

硒是谷胱甘肽过氧化酶的主要成分，具有增强抗病力、促进机体免疫抗体的产生等作用。硒的维持需要量推荐为每千克日粮0.1～0.3 mg。

6. 锌（Zn）

锌为胰岛素和多种酶的组成成分或激活剂，参与碳水化合物的代谢、蛋白质合成、核酸代谢等。锌的维持需要量推荐为每千克日粮干物质30～50 mg。但需注意，不同生产阶段的肉牛对锌的需求量有所不同，例如成年肉牛为0.09 kg/1 000 kg饲料，育肥幼牛为0.04～0.06 kg/1 000 kg饲料。

肉牛对各种矿物质的需求量是一个复杂的体系，需要根据肉牛的实际情况进行精确计算和调整。在饲养过程中，应注重矿物质饲料的合理搭配和补充，以确保肉牛的健康和生产性能达到最佳状态。

七、维生素

（一）脂溶性维生素

1. 维生素 A

维生素 A 对肉牛的生长、繁殖、视觉及免疫功能至关重要。它有助于维持上皮组织的完整性，促进生长发育，提高繁殖性能，并增强免疫力。肉牛每千克饲料干物质中维生素 A 的需要量通常为 275 国际单位（IU）左右。对于强度育肥的肉牛，可能需要更高的维生素 A 水平。在实际饲养中，可以通过添加维生素 A 添加剂来满足肉牛的需要，每千克肉牛日粮干物质中可添加含 20 万 IU/g 的维生素 A 添加剂 14 mg。

2. 维生素 D

维生素 D 对肉牛骨骼的健康发育至关重要。它有助于钙和磷的吸收和利用，从而维持骨骼的强度和稳定性。肉牛每千克饲料干物质中维生素 D 的需要量通常为 275 IU 左右。在实际饲养中，可以通过添加维生素 D 添加剂来满足肉牛的需要，每千克肉牛日粮干物质中可添加含 1 万 IU/g 的维生素 D 添加剂 28 mg。

3. 维生素 E

维生素 E 是一种抗氧化剂，对肉牛的免疫系统和繁殖性能有重要影响。它有助于保护细胞免受氧化应激损伤，提高繁殖性能，并减少疾病的发生。肉牛对维生素 E 的需要量因生产阶段而异。例如，犊牛每千克饲料干物质中维生素 E 的需要量通常为 25 IU 左右，而成年牛则为 15～16 IU。在实际饲养中，可以通过添加维生素 E 添加剂来满足肉牛的需要，每千克肉牛日粮干物质中维生素 E 的添加量可在 0.38～3 g 调整。

（二）水溶性维生素

1. 维生素 B 群

维生素 B 群包括多种维生素，如维生素 B_1、B_2、B_6、B_{12} 等，它们对肉牛的能量代谢、神经系统功能和生长发育等方面都有重要作用。肉牛对维生素 B 群的需要量因具体维生素而异。例如，维生素 B_1（硫胺素）的需要量通常为每千克饲料干物质 0.51 mg；维生素 B_2（核黄素）的需要量则因体重和饲养条件而异，每千克体重可能需要 0.25～3 mg 不等。在实际饲养中，应根据肉牛的实际情况和饲料中维生素 B 群的含量进行合理补充。

2. 维生素 C

维生素 C 对肉牛的免疫功能有重要作用，有助于增强抵抗力，减少疾病的发生。虽然肉牛通常能够自行合成维生素 C，但在应激条件下（如运输、疾病、高温等），其合成能力可能会下降，因此需要额外补充。在实际饲养中，可以通过在饲料中添加维生素 C 来满足肉牛的需要。

肉牛对各种维生素的需要量是一个复杂的体系，需要根据肉牛的实际情况进行精确计算和调整。在饲养过程中，应注重维生素饲料的合理搭配和补充，以确保肉牛的健康和生产性能达到最佳状态。同时，也应注意避免过量添加维生素，以免造成浪费和环境污染。

第二节 肉牛的饲养标准

在反刍动物营养学领域，饲养标准的制定源自广泛的饲养实验数据与实际生产经验的深度整合。这一标准详细规定了各类特定反刍动物所需的各类营养物质的量化需求。这一系列经过系统整理的营养需求定额及其相关资料，统称为饲养标准。简言之，饲养标准即为针对特定反刍动物所设计的一整套营养需求定额体系，通常简称为“标准”。当前的饲养标准在表述上更为精确与系统，它依据实验研究，针对特定反刍动物（涵盖不同种类、性别、年龄、体重、生理阶段、生产性能以及环境条件等）的能量及多种营养物质的定额数值。生长育肥牛的每日营养需要量见表 9-1。

表 9-1　生长育肥牛的每日营养需要量

（肉牛饲养标准 NY/T 815—2004）

体重（kg）	日增重（kg）	干物质（kg）	肉牛能量单位（RND）	综合净能（MJ）	粗蛋白质（g）	钙（g）	磷（g）
150	0	2.66	1.46	11.76	236	5	5
	0.3	3.29	1.87	15.10	377	14	8
	0.4	3.49	1.97	15.90	421	17	10
	0.5	3.70	2.07	16.74	465	19	10
	0.6	3.91	2.19	17.66	507	22	11
	0.7	4.12	2.30	18.58	548	25	12
	0.8	4.33	2.45	19.75	589	28	13
	0.9	4.54	2.61	21.05	627	31	14
	1.0	4.75	2.80	22.64	665	34	15
	1.1	4.95	3.02	20.35	704	37	16
	1.2	5.16	3.25	26.28	739	40	16
175	0	2.98	1.63	13.18	265	6	6
	0.3	3.63	2.09	16.90	403	14	9
	0.4	3.85	2.20	17.78	447	17	9
	0.5	4.07	2.32	18.70	489	20	10
	0.6	4.29	2.44	19.71	530	23	11
	0.7	4.51	2.57	20.75	571	26	12
	0.8	4.72	2.79	22.05	609	28	13
	0.9	4.94	2.91	23.47	650	31	14
	1.0	5.16	3.12	25.23	686	34	15
	1.1	5.38	3.37	27.20	724	37	16
	1.2	5.59	3.63	29.29	759	40	17

续表

体重（kg）	日增重（kg）	干物质（kg）	肉牛能量单位（RND）	综合净能（MJ）	粗蛋白质（g）	钙（g）	磷（g）
200	0	3.30	1.80	14.56	293	7	7
	0.3	3.98	2.32	18.70	428	15	10
	0.4	4.21	2.43	19.62	472	17	10
	0.5	4.44	2.56	20.67	514	20	11
	0.6	4.66	2.69	21.76	555	23	12
	0.7	4.89	2.83	22.47	593	26	13
	0.8	5.12	3.01	24.31	631	29	14
	0.9	5.34	3.21	25.90	669	31	15
	1.0	5.57	3.45	27.82	708	34	16
	1.1	5.80	3.71	29.96	743	37	17
	1.2	6.03	4.00	32.30	778	40	17
225	0	3.60	1.87	15.10	320	7	7
	0.3	4.31	2.56	20.71	452	15	10
	0.4	4.55	2.69	21.76	494	18	11
	0.5	4.78	2.83	22.89	535	20	12
	0.6	5.02	2.98	24.10	576	23	13
	0.7	5.26	3.14	25.36	614	26	14
	0.8	5.49	3.33	26.90	652	29	14
	0.9	5.73	3.55	28.66	691	31	15
	1.0	5.96	3.81	30.79	726	34	16
	1.1	6.20	4.10	33.10	761	37	17
	1.2	6.44	4.42	35.69	796	39	18
250	0	3.90	2.20	17.78	346	8	8
	0.3	4.64	2.81	22.72	475	16	11
	0.4	4.88	2.95	23.85	517	18	12
	0.5	5.13	3.11	25.10	558	21	12
	0.6	5.37	3.27	26.44	599	23	13
	0.7	5.62	3.45	27.82	637	26	14
	0.8	5.87	3.65	29.50	672	29	15

续表

体重（kg）	日增重（kg）	干物质（kg）	肉牛能量单位（RND）	综合净能（MJ）	粗蛋白质（g）	钙（g）	磷（g）
250	0.9	6.11	3.89	31.38	711	31	16
	1.0	6.36	4.18	33.72	746	34	17
	1.1	6.60	4.49	36.28	781	36	18
	1.2	6.85	4.84	39.08	814	39	18
275	0	4.19	2.40	19.37	372	9	9
	0.3	4.96	3.07	24.77	501	16	12
	0.4	5.21	3.22	25.98	543	19	12
	0.5	5.47	3.39	27.36	581	21	13
	0.6	5.72	3.57	28.79	619	24	14
	0.7	5.98	3.75	30.29	657	26	15
	0.8	6.23	3.98	32.13	696	29	16
	0.9	6.49	4.23	34.18	731	31	16
	1.0	6.74	4.55	36.74	766	34	17
	1.1	7.00	4.89	39.50	798	36	18
	1.2	7.25	5.60	42.51	834	39	19
300	0	4.47	2.60	21.00	397	10	10
	0.3	5.26	3.32	26.78	523	17	12
	0.4	5.53	3.48	28.12	565	19	13
	0.5	5.79	3.66	29.58	603	21	14
	0.6	6.06	3.86	31.13	641	24	15
	0.7	6.32	4.06	32.76	679	26	15
	0.8	6.58	4.31	34.77	715	29	16
	0.9	6.85	4.58	36.99	750	31	17
	1.0	7.11	4.92	39.71	785	34	18
	1.1	7.38	5.29	42.68	818	36	19
	1.2	7.64	5.69	45.98	850	38	19
325	0	4.75	2.78	22.43	421	11	11
	0.3	5.57	3.54	28.58	547	17	13
	0.4	5.84	3.72	30.04	586	19	14

续表

体重（kg）	日增重（kg）	干物质（kg）	肉牛能量单位（RND）	综合净能（MJ）	粗蛋白质（g）	钙（g）	磷（g）
325	0.5	6.12	3.91	31.59	624	22	14
	0.6	6.39	4.12	33.26	662	24	15
	0.7	6.66	4.36	35.02	700	26	16
	0.8	6.94	4.60	37.15	736	29	17
	0.9	7.21	4.90	39.54	771	31	18
	1.0	7.49	5.25	42.43	803	33	18
	1.1	7.76	5.65	45.61	839	36	19
	1.2	8.03	6.08	49.12	868	38	20
350	0	5.02	2.95	23.85	445	12	12
	0.3	5.87	3.76	30.38	569	18	14
	0.4	6.15	3.95	31.92	607	20	14
	0.5	6.43	4.16	33.60	645	22	15
	0.6	6.72	4.38	35.40	683	24	16
	0.7	7.00	4.61	37.24	719	27	17
	0.8	7.28	4.89	39.50	757	29	17
	0.9	7.57	5.21	42.05	789	31	18
	1.0	7.85	5.59	45.15	824	33	19
	1.1	8.13	6.01	48.53	857	36	20
	1.2	8.41	6.47	52.26	889	38	20
375	0	5.28	3.13	25.27	469	12	12
	0.3	6.16	3.99	32.22	593	18	14
	0.4	6.45	4.19	33.85	631	20	15
	0.5	6.74	4.41	35.61	669	22	16
	0.6	7.03	4.65	37.53	704	25	17
	0.7	7.32	4.89	39.50	743	27	17
	0.8	7.62	5.19	41.88	778	29	18
	0.9	7.91	5.52	44.60	810	31	19
	1.0	8.20	5.93	47.87	845	33	19
	1.1	8.49	6.26	50.54	878	35	20
	1.2	8.79	6.75	54.48	907	38	20

续表

体重（kg）	日增重（kg）	干物质（kg）	肉牛能量单位（RND）	综合净能（MJ）	粗蛋白质（g）	钙（g）	磷（g）
400	0	5.55	3.31	26.74	492	13	13
	0.3	6.45	4.22	34.06	613	19	15
	0.4	6.76	4.43	35.77	651	21	16
	0.5	7.06	4.66	37.66	689	23	17
	0.6	7.36	4.91	39.66	727	25	17
	0.7	7.66	5.17	41.76	763	27	18
	0.8	7.96	5.49	44.31	798	29	19
	0.9	8.26	5.64	47.15	830	31	19
	1.0	8.56	6.27	50.63	866	33	20
	1.1	8.87	6.74	54.43	895	35	21
	1.2	9.17	7.26	58.66	927	37	21
425	0	5.80	3.48	28.08	515	14	14
	0.3	6.73	4.43	35.77	636	19	16
	0.4	7.04	4.65	37.57	674	21	17
	0.5	7.35	4.90	39.54	712	23	17
	0.6	7.66	5.16	41.67	747	25	18
	0.7	7.97	5.44	43.89	783	27	18
	0.8	8.29	5.77	46.57	818	29	19
	0.9	8.60	6.14	49.58	850	31	20
	1.0	8.91	6.59	53.22	886	33	20
	1.1	9.22	7.09	57.24	918	35	21
	1.2	9.53	7.64	61.67	947	37	22
450	0	6.06	3.63	29.33	538	15	15
	0.3	7.02	4.63	37.41	659	20	17
	0.4	7.34	4.87	39.33	697	21	17
	0.5	7.66	5.12	41.38	732	23	18
	0.6	7.98	5.40	43.60	770	25	19

续表

体重（kg）	日增重（kg）	干物质（kg）	肉牛能量单位（RND）	综合净能（MJ）	粗蛋白质（g）	钙（g）	磷（g）
450	0.7	8.30	5.69	45.94	806	27	19
	0.8	8.62	6.03	48.74	841	29	20
	0.9	8.94	6.43	51.92	873	31	20
	1.0	9.26	6.90	55.77	906	33	21
	1.1	9.58	7.42	59.96	938	35	22
	1.2	9.90	8.00	64.60	967	37	22
475	0	6.31	3.79	30.63	560	16	16
	0.3	7.30	4.84	39.08	681	20	17
	0.4	7.63	5.09	41.09	719	22	18
	0.5	7.96	5.35	43.26	754	24	19
	0.6	8.29	5.64	45.61	789	25	19
	0.7	8.61	5.94	48.03	825	27	20
	0.8	8.94	6.31	51.00	860	29	20
	0.9	9.27	6.72	54.31	892	31	21
	1.0	9.60	7.22	58.32	928	33	21
	1.1	9.93	7.77	62.76	957	35	22
	1.2	10.26	8.37	67.61	989	36	23
500	0	6.56	3.95	31.92	582	16	16
	0.3	7.58	5.04	40.71	700	21	18
	0.4	7.91	5.30	42.84	738	22	19
	0.5	8.25	5.58	45.10	776	24	19
	0.6	8.59	5.88	47.53	811	26	20
	0.7	8.93	6.20	50.08	847	27	20
	0.8	9.27	6.58	53.18	882	29	21
	0.9	9.61	7.01	56.65	912	31	21
	1.0	9.94	7.53	60.88	947	33	22
	1.1	10.28	8.10	65.48	979	34	23
	1.2	10.62	8.73	70.54	1 011	36	23

第十章

常规饲料配合及其加工调制技术

第一节 肉牛日粮配合

在反刍动物营养学的范畴内，肉牛的一日采食量，即日粮，是指每头牛在 24 h 内所摄取的饲料总量，该总量需全面涵盖肉牛日常所需的各类养分。依据肉牛饲养的规范标准与各类饲料的营养价值评估，我们精心挑选并配比多种饲料原料，以构成全价或平衡日粮。此类日粮的特点在于，其内含的营养物质种类、数量以及相互之间的比例，均需精准匹配肉牛在不同体重阶段所期望达到的生长速度或繁殖需求，从而确保肉牛的健康成长与高效生产。

一、日粮的配合原则

（一）满足营养需求

全面性与平衡性，日粮应包含肉牛所需的所有营养物质，如能量、蛋白质、矿物质、维生素等，且各营养物质之间应保持适当的比例，以满足肉牛不同生长阶段和生产性能的需求。同时根据肉牛的性别、年龄、体重、生理阶段（如哺乳期、育肥期等）以及生产目标（如日增重、肉质等），制订个性化的日粮配方。

（二）因地制宜与就地取材

充分利用当地资源，结合当地饲料资源的种类、数量和质量，选择适宜的饲料原料，降低饲养成本。根据不同季节的饲料供应情况，适时调整日粮配方，确保饲料的稳定性和可持续性。

（三）日粮组成多样化

饲料种类多样，饲草种类应至少有两种或两种以上，精料种类应达到 3 种以上，以提高日粮的适口性和营养互补性。通过不同饲料原料的搭配，实现营养物质的互补，提高日粮的营养浓度和利用率。

（四）原料新鲜与安全

确保饲料原料新鲜、无发霉、无腐败变质，避免使用含有农药残留和其他有害物质的饲料。饲料原料应符合国家相关标准和规定，禁止使用对肉牛有害的饲料和添加剂。

（五）精粗比例适宜

根据肉牛的实际需要和饲料原料的特性，合理调整日粮中的精粗比例。一般情况下，日粮的精粗比不能低于 60：40，粗纤维含量不低于 18%。保持适宜的精粗比例，有利于维护瘤胃的正常生理功能和代谢，提高肉牛的消化率和饲料利用率。

（六）日粮体积与适口性

日粮的体积应符合肉牛消化道的容量，避免过大或过小影响肉牛的采食量和饱腹感。选择适口性好的饲料原料，提高肉牛的采食量，促进生长。同时，注意饲料原料的粒度、味道和形状等因素对适口性的影响。

（七）稳定性与逐步更换

日粮的组成应保持相对稳定，避免频繁更换导致肉牛消化不良或生产性能下降。如需更换日粮配方，应逐步进行，给肉牛一个适应的过程，以减少对瘤胃发酵和饲料消化率的影响。

二、日粮配合的方法

肉牛日粮配合的方法是一个复杂而精细的过程，它涉及多个方面的考量，以确保肉牛能够获得全面、均衡且适量的营养。目前养殖业中常用的配方设计方法有手工计算法（包括试差法、公式法和对角线法）、计算机配方法两大类。

（一）手工计算法

肉牛日粮的手工计算法当中，以“试差法”最为常用，其计算步骤如下。

1. 确定营养需求

查阅饲养标准，根据肉牛的品种、年龄、体重、性别、生理状态（如生长、育肥、维持等）以及预期的生产性能（如日增重、屠宰率等），查阅相关的肉牛饲养标准，确定肉牛每日所需的各类营养物质的数量或比率，如干物质、能量、粗蛋白质、矿物质（钙、磷等）、维生素等。

2. 选择饲料原料

选择常用饲料，根据当地的资源情况、饲料的营养成分、价格以及肉牛的消化生理特点，选择适宜的饲料原料，如青贮饲料、粗饲料（如秸秆、干草等）、能量饲料（如玉米、高粱等）、蛋白质饲料（如豆粕、棉籽饼等）以及矿物质和维生素补充剂等。

3. 初步配制日粮

试配日粮，按照初步设想的饲料种类和比例，计算出配合日粮的营养物质含量。这一步通常需要借助饲料营养成分表，将每种饲料的营养成分按照其用量进行加权计算，得出日粮中各类营养物质的总量。

4. 比较与调整

与饲养标准比较，将试配日粮的营养成分与饲养标准进行比较，找出差异较大的营养物质。调整饲料比例，根据比较结果，逐步调整饲料原料的种类和比例，以增加或减少某些营养物质的含量，使日粮的营养成分更接近饲养标准。这一步骤可能需要多次尝试和调整，直至达到或接近营养需求。

5. 验证与优化

验证日粮效果，将配制好的日粮投喂给肉牛，观察其生长性能、健康状况以及饲料利用率等指标，以验证日粮的实际效果。优化日粮配方，根据肉牛的实际表现，进一步调整日粮配方，以优化其营养结构和经济效益。

需要注意的是，在试差法计算过程中，应充分考虑饲料原料的消化率、利用率以及肉牛对营养物质的吸收能力。饲料原料的质量和价格也是影响日粮配方的重要因素，应在保证营养需求的前提下，尽量选择性价比高、质量可靠的饲料原料。日粮配方应具有一定的灵活性和可调整性，以适应肉牛不同阶段和不同生产性能的需求变化。

（二）计算机配方法

肉牛日粮配方的计算机配方法是一种高效、精确的方式，它利用线性规划原理和营养学原理，同时根据肉牛的营养需求和饲料原料的营养成分，自动计算出最优的饲料配方。具体操作步骤如下。

1. 明确目标与要求

需要明确肉牛日粮配方的目标和要求，这包括肉牛的品种、年龄、体重、性别、生理状态（如生长、育肥、维持等）以及预期的生产性能（如日增重、屠宰率等）。这些因素将直接影响肉牛的营养需求。

2. 收集饲料原料数据

需要收集各种饲料原料的营养成分数据，包括能量、粗蛋白质、粗脂肪、粗纤维、矿物质（如钙、磷等）、维生素等。这些数据可以从饲料营养成分表、饲料厂商提供的数据或专业数据库中获取。

3. 建立数学模型

基于肉牛的营养需求和饲料原料的营养成分数据，可以建立数学模型来优化饲料配方。常见的数学模型包括线性规划模型、非线性规划模型等。这些模型可以根据饲料原料的价格、营养成分以及肉牛的营养需求，自动计算出最优的饲料配方。

4. 输入数据并运行模型

将收集的饲料原料数据和肉牛的营养需求数据输入计算机中，并运行建立的数学模型。计算机将根据这些数据自动计算出最优的饲料配方，包括各种饲料原料的种类、比例和用量。

5. 验证与优化

得到的饲料配方需要进行验证和优化。可以将配方投喂给肉牛，观察其生长性能、健康状况以及饲料利用率等指标，以验证配方的实际效果。根据验证结果，可以对配方进行进一步的调整和优化，以提高其经济性和实用性。

综上所述，肉牛日粮配合的方法是一个综合性的过程，需要综合考虑多个方面的因素。通过明确饲养目标、评估饲料资源、制订营养需求计划、选择饲料原料、计算饲料配比、调整日粮配方、关注饲料加工与保存以及实施饲养管理等步骤，可以确保肉牛获得全面、均衡且适量的营养，从而实现最佳的饲养效果。

第二节 粗饲料及其加工调制

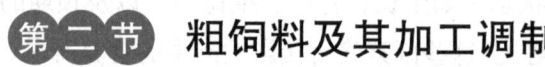

粗饲料是指在饲料中天然水分含量在60%以下，干物质中粗纤维含量

等于或高于 18%，并以风干物形式饲喂的饲料，如牧草、农作物秸秆（玉米秸秆、稻草等）、酒糟等。粗饲料为反刍动物提供大量的营养物质，是反刍动物机体不可或缺的营养来源。粗饲料的营养含量相对较低，直接饲喂的有机物消化率一般在 70% 以下，并且质地较硬，适口性较差，因此需要进行加工调制后用于反刍动物养殖。

一、粗饲料的分类

（一）干草类

如羊草、苜蓿等，是由未结籽实的青草或其他青绿饲料作物刈割后，经人工晒干或机械干制而成。由于它由青绿植物制作，保留着青绿颜色，故亦称青干草。

（二）农作物秸秆

如玉米秸、麦秸、豆秸等，是农作物在籽实成熟后，收获籽实所剩余的副产品。

（三）农副产品类

如地瓜藤、花生秧、甘薯藤、花生藤等，这些是农作物种植或加工过程中产生的副产品。

（四）糟渣类

如果渣、酒糟等，这些是酿酒、制糖等工业生产过程中产生的残渣。

二、粗饲料的营养价值

（一）粗纤维

粗饲料的主要成分是粗纤维，占干物质的 30%～50%。粗纤维对于反刍动物（如牛、羊等）来说具有重要的营养价值，因为反刍动物可以利用瘤胃中的微生物来消化和利用粗纤维。

（二）无氮浸出物

占干物质的 20%～40%，是粗饲料中的另一种重要成分，为动物提供部分能量。

（三）矿物质

粗饲料中的矿物质含量较高，特别是硅酸盐和钙的含量较高，但磷的含量相对较低。这些矿物质对于动物的骨骼发育和维持正常生理功能具有重要作用。

（四）维生素

粗饲料中的维生素含量相对较低，特别是水溶性维生素（如 B 族维生素）和维生素 C 的含量较低。然而，一些粗饲料（如牧草）中可能含有较多的胡萝卜素等脂溶性维生素。

（五）蛋白质

粗饲料中的蛋白质含量较低，干物质中粗蛋白质含量仅为 3%～4%，且多为不易消化的蛋白质。但豆科植物制成的干草（如苜蓿干草）含有较多的粗蛋白质或可消化蛋白质。

三、加工调制技术

（一）物理加工

1. 机械加工

（1）铡短

利用铡草机将粗饲料切短，便于家畜咀嚼和减少能耗。切短的程度视家畜种类而定，如喂牛宜切成 3～5 cm，喂马、骡、驴切成 1.5～2.5 cm。

（2）粉碎

粗饲料粉碎可提高饲料利用率，便于与精饲料混拌。粉碎的细度不应太细，以便反刍。粉碎机筛底孔径以 8～10 mm 为宜。

（3）揉搓

将秸秆饲料揉搓成丝条状，可提高适口性和饲料利用率。

2. 盐化

将铡碎或粉碎的秸秆饲料用 1% 的食盐水与等重量的秸秆充分搅拌后，放入容器内或在水泥地面上堆放，用塑料薄膜覆盖，放置 12～24 h，使其自然软化，以提高适口性和采食量。

（二）化学处理

1. 碱化处理

利用碱类物质（如氢氧化钠、石灰水）处理秸秆饲料，使饲料纤维内部的氢键结合变弱，提高粗饲料的消化率。

（1）氢氧化钠处理

将粉碎的秸秆放在盛有 1.5% 氢氧化钠溶液池内浸泡 24 h，然后用水反复冲洗，晾干后喂反刍家畜。也可将占秸秆重量 4%～5% 的氢氧化钠配制成 30%～40% 的溶液，喷洒在粉碎的秸秆上，堆积数日，不经冲洗直接饲喂。

（2）石灰水处理

用生石灰加水后生成的氢氧化钙（弱碱溶液）的澄清液（石灰乳）处理秸秆。

2. 氨化处理

用氨液处理秸秆，使不易溶解的木质素改变为易于溶解的羟基木质素，提高秸秆中有机物质的消化率。

方法：每次 100 kg 秸秆加 12 L 25% 的氨液，密闭 5～7 d（寒冷季节延长到 10～15 d），饲喂前通气一天，然后饲喂。

（三）生物学处理

利用微生物的发酵作用，改变粗饲料的理化性状，提高营养价值和适口性。

方法：一是用真菌中的绿色木霉产生的纤维素酶来酶解粗饲料；二是利用反刍家畜瘤胃内容物中的微生物群，在体外用人工条件培养，用以发酵粗饲料；三是粗饲料的自然发酵法，即加适当水分后堆积，让粗饲料自身附着的微生物发酵生热，加入各种糖化霉菌（如黑曲菌、根霉菌等），使饲料中淀粉类物质转化为糖，提高适口性。

第三节　青绿饲料及其加工调制

青绿饲料（也叫青饲料、绿饲料），是指可以用作饲料的植物新鲜茎叶，因富含叶绿素而得名。它主要包括天然牧草、栽培牧草、田间杂草、菜叶类、水生植物、嫩枝树叶等。这些饲料新鲜多汁，适口性好，消化率高，并含有丰富的维生素、矿物质和蛋白质等营养物质，是畜禽的重要饲料来源。尤其在贵州放牧地区，青绿饲料是肉牛的主要饲料来源之一。

一、青绿饲料的分类

常见的青绿饲料如下。

天然牧草：如野草等，是自然界中广泛存在的青绿饲料。

栽培牧草：如苜蓿、三叶草、青饲玉米等，是经过人工种植和管理的青绿饲料。

菜叶类：如白菜叶、萝卜叶等，是蔬菜种植过程中产生的副产品，可作为青绿饲料使用。

二、青绿饲料的营养价值

（一）水分与能量

青绿饲料的水分含量较高，一般可达 60%～95%，这使得其鲜草的干物质少，热能值较低。然而，对于放牧的肉牛而言，青绿饲料是其能量的主要来源，尤其是当其他饲料资源有限时。

（二）粗蛋白质与氨基酸

青绿饲料中的粗蛋白质含量因种类而异，但总体来说，禾本科牧草及蔬菜类粗蛋白质含量为 1.5%～3%，豆科粗蛋白质含量为 3.2%～4.4%。若按干物质计算，禾本科青草和蔬菜粗蛋白质含量为 13%～15%，豆科植物粗蛋白质含量为 18%～24%。此外，青绿饲料的蛋白质品质较好，含有各种必需氨基酸，尤其是赖氨酸、色氨酸含量较高，蛋白质的生物学价值一般在 70% 以上。这些氨基酸对于畜禽的生长发育和维持正常生理功能具有重要作用。

（三）矿物质与微量元素

青绿饲料是畜禽矿物质的重要来源，特别是钙和磷。其矿物质含量因种类而异，但一般来说，钙的含量为 0.4%～0.8%，磷的含量在 0.2%～0.35%，且钙磷比例适宜。此外，青绿饲料中还富含铁、锰、锌、铜等微量元素，这些元素对于畜禽的骨骼发育、免疫功能和新陈代谢等方面都具有重要作用。然而，钠和氯元素的含量可能不能满足所有畜禽的需要，因此在放牧或饲养过程中应适当补充。

（四）维生素

青绿饲料是畜禽维生素的良好来源，特别是胡萝卜素含量较高，每千克饲料可达 50～80 mg。在正常采食情况下，放牧畜禽所摄入的胡萝卜素要超过其本身需要的 100 倍。此外，青绿饲料中还含有丰富的 B 族维生素（尽管维生素 B_{12} 含量较低）、维生素 E、维生素 C 和维生素 K 等。这些维生素对于畜禽的生长发育、免疫功能、抗氧化能力和新陈代谢等方面都具有重要作用。

（五）其他营养成分

除了上述主要营养成分外，青绿饲料还含有多种酶、激素和有机酸等生物活性物质。这些物质对于肉牛的消化吸收、生长发育和免疫功能等方面都具有积极作用。

三、加工调制技术

青绿饲料作为肉牛的重要饲料来源，具有丰富的营养价值和良好的适口性。通过合理的加工调制方法，可以进一步提高其营养价值和利用率，为肉牛的健康生长和生产提供有力保障。青绿饲料的加工调制方法多种多样，旨在提高其适口性、消化率和营养价值。以下是一些常见的加工调制方法。

1. 切碎

青绿饲料切碎后便于肉牛采食和咀嚼，减少浪费。切碎的长度可根据肉牛消化特点和饲料类别进行调整。

2. 发酵

利用有益微生物（如酵母、乳酸菌等）对青绿饲料进行发酵处理，可以软化或破坏细胞壁，产生菌体蛋白质和其他酵解产物，提高饲料的营养价值。发酵后的饲料具有酸、甜、软、熟、香的特点，更易于畜禽消化和吸收。

3. 青贮

将青绿饲料在适宜条件下进行青贮保存，可以延长其保存时间并保留大部分营养价值。青贮过程中应注意控制温度、湿度和氧气含量等条件，以确保青贮饲料的品质。

4. 其他方法

根据实际情况和需要，还可以采用其他加工调制方法，如干燥、粉碎、揉搓等，以提高青绿饲料的利用率和营养价值。

第四节　青贮饲料及其加工调制

青贮饲料是将新鲜青绿多汁的植物原料，在厌氧条件下经过乳酸菌发酵而制成的饲料。青贮饲料的营养价值相当高，它作为乳酸菌发酵饲料，能够保留青绿饲料原料的大部分原有浆汁和养分，是畜牧业中不可或缺的饲料来源。其种类丰富，加工调制方法也多种多样。

一、青贮饲料的分类

（一）按作物种类分类

1. 玉米青贮

将玉米整株或仅收穗时的秸秆和叶子混合，经过压实、封闭、发酵而制成的饲料。它含有的粗蛋白质和粗脂肪较低，但含有丰富的粗纤维和能量，适合用于奶牛和肉牛的饲料。

2. 高粱青贮

将高粱整株或仅收穗时的秸秆和叶子混合，经过压实、封闭、发酵而制成的饲料。其营养成分和玉米青贮相似，适合用于奶牛和肉牛的饲料。

3. 豆科青贮

将豆科植物如豌豆草、苜蓿、紫云英等整株或仅收荚果时的秸秆和叶子混合，经过压实、封闭、发酵而制成的饲料。它的营养成分丰富，含有较高的粗蛋白质和粗脂肪，适合用于奶牛、肉牛、绵羊和马的饲料。

4. 禾本科青贮

将禾本科植物如燕麦、饲草等整株或仅收穗时的秸秆和叶子混合，经过压实、封闭、发酵而制成的饲料。它的营养成分较为均衡，适合用于牛、羊、马、骡、骆驼等的饲料。

5. 混合青贮

将几种不同植物的青贮混合在一起，经过压实、封闭、发酵而制成的饲料。混合青贮可以根据不同动物的需求进行组合，适合用于多种动物的饲料。

（二）按调制方法分类

1. 常规青贮

原料的含糖量一般不低于 1.0%～1.5%，含水量一般为 65%～75%，在密闭缺氧环境下进行发酵，温度不得超过 38 ℃。

2. 半干青贮

将青贮原料的水分降到 40%～55%，使厌氧微生物处于干燥状态。半干青贮营养成分损失少，基本保持了原饲料的营养特点。

3. 拉伸膜裹包青贮

采用专用的圆捆捆草机，将收割好的草料高密度压实，制成圆形草捆，然后用青贮专用拉伸膜包裹起来。经过一定时间的自然发酵，达到理想的饲料效果。

4. 装袋式青贮

将秸秆高密度地装入塑料拉伸膜制成的专用青贮袋中，使草料自行发酵。这种方法适合大型畜牧场、奶牛场和牛羊育肥基地使用。

二、营养价值

青贮饲料中含有丰富的粗蛋白质、纤维素、维生素和矿物质等营养物质。其中，粗蛋白质主要来源于植物细胞内的蛋白质，经过青贮发酵后，部分蛋白质可能被分解为氨基酸和小肽，更易于动物消化吸收。纤维素则是植物细胞壁的主要成分，青贮饲料中的纤维素含量较高，有助于刺激动物的胃肠蠕动，促进消化吸收。此外，青贮饲料中还含有丰富的维生素，如维生素 A、维生素 D 和维生素 E 等，以及钙、磷、镁等矿物质，能够满足动物生长发育和免疫等方面的需求。

与干草等饲料相比，青贮饲料的营养损失较少。在干草的自然风干过程中，植物细胞并未立即死亡，仍在继续呼吸，需消耗和分解营养物质。当达到风干状态时，营养损失约 30% 左右。而青贮饲料是在厌氧条件下进行发酵的，能够减少营养物质的损失。据测定，青贮饲料中的营养成分损失一般不超过 15%，这使得青贮饲料具有较高的营养价值。

青贮饲料经过乳酸菌发酵后，质地柔软，具有酸甜清香味，牲畜大都喜食。这种特殊的口感和风味能够刺激动物的食欲，增加采食量。同时，青贮饲料中的乳酸和其他发酵产物还能维持反刍动物瘤胃内的适宜酸碱环境，有助于增强动物的消化功能和免疫力。

此外，青贮饲料是通过压实、封闭和发酵等工艺制成的，能够长期保存而不会变质。这使得青贮饲料在储存和运输过程中更加方便，也减少了因饲料变质而造成的损失。

三、加工调制技术

（一）原料准备

选择新鲜、无病虫害、无污染的青绿植物作为原料。根据需要，将原料进行切碎或打浆处理（图 10-1），以提高其适口性和消化率。添加青贮用尿素、乳酸菌等。制作的玉米秸秆青贮见图 10-2。

（二）添加乳酸菌青贮

在青贮饲料中添加乳酸菌，可以显著提高其发酵速度和品质。常用的乳酸菌种类包括干粉乳酸菌和发酵剂中的乳酸菌。干粉乳酸菌易于保存和运输，而发酵剂中的乳酸菌则可能包含多种有益微生物，具有更全面的发酵效果。乳酸菌的添加量应根据青贮原料的种类、含水量、发酵条件以及

图 10-1　秸秆粉碎处理

图 10-2　玉米秸秆青贮

所需发酵品质等因素来确定。一般来说，每吨青贮原料中添加 3～100 g 干粉乳酸菌或相应量的发酵剂即可。可以将乳酸菌干粉直接撒在青贮原料上，并充分混合均匀。也可以将乳酸菌溶解在水中，然后均匀喷洒在青贮原料上。为了确保乳酸菌与青贮原料充分接触，喷洒时应尽量均匀，避免局部浓度过高或过低。

（三）发酵条件控制

确保青贮原料的含水量适中，一般在 65%～75%。压实青贮原料，排除空气，创造厌氧环境。控制青贮温度，不得超过 38 ℃，以防止有害微生物的生长。

（四）发酵过程管理

在发酵过程中，定期检查青贮饲料的 pH 值、温度和湿度等指标。若发现异常情况，如温度过高、湿度过大或 pH 值异常等，应及时采取措施进行调整。

（五）储存与取用

将发酵好的青贮饲料打包（图 10-3）、储存在干燥、通风、避雨的地方。取用青贮饲料时可使用青贮取料车（图 10-4），应遵循先进先出的原则，避免长时间储存导致品质下降。

图 10-3　青贮饲料打包

图 10-4　青贮取料车

四、青贮饲料的品质鉴定

青贮饲料的品质鉴定是确保其营养价值、发酵质量和饲喂效果的重要环节。品质鉴定通常包括感官评定和化学分析两部分。

（一）感官评定

感官评定是通过观察青贮饲料的颜色、气味、质地等指标来初步判断其品质的好坏。这种方法简便、迅速，适用于生产现场。

1. 颜色

品质优良的青贮饲料颜色呈黄绿色或青绿色，越接近原料颜色说明青贮过程越好。中等品质的青贮饲料颜色为黄褐色或暗绿色，而劣等品质的青贮饲料则为褐色或黑色。颜色的变化主要受青贮原料种类、调制方法以及发酵温度等因素的影响。

2. 气味

优质青贮饲料具有轻微的酸味和水果香味，略带酒香，给人以好感。如果气味刺鼻、有醋酸味或霉臭味，则说明品质不佳。刺鼻的酸味可能表示醋酸较多，而霉臭味则可能意味着饲料已经变质。

3. 质地

优良的青贮饲料在窖内压得非常紧实，但拿到手里却是松散柔软，略带潮湿，不粘手，茎、叶、花等器官仍保持原状，容易分离。中等品质的青贮饲料质地柔软，但水分稍多，部分茎叶可能保持原状。而劣等品质的青贮饲料则可能结成一团，发黏，分不清原有结构，质地干燥粗硬。

（二）化学分析

化学分析是通过测定青贮饲料的pH值、有机酸含量、氨态氮含量等指标来进一步判断其品质。这种方法需要在实验室内进行，更为准确和全面。

1. pH值

pH值是衡量青贮饲料品质好坏的重要指标之一。优良青贮饲料的pH值在4.2以下，这是因为乳酸发酵产生的乳酸能够降低饲料的pH值，从而抑制有害微生物的生长。如果pH值超过4.2（低水分青贮除外），则可能说明青贮发酵过程中腐败菌、酪酸菌等活动较为强烈，品质不佳。劣质青贮饲料的pH值通常在5.5～6.0。

2. 有机酸含量

乳酸、乙酸和丁酸是青贮饲料中主要的有机酸。其中，乳酸所占比例越大越好，因为它能够降低饲料的pH值并抑制有害微生物的生长。优良青贮饲料中含有较多的乳酸和少量醋酸，而不含酪酸。品质差的青贮饲料则可能含有较多的酪酸和较少的乳酸。

3. 氨态氮含量

氨态氮与总氮的比值是反映青贮饲料中蛋白质及氨基酸分解程度的指标。比值越大，说明蛋白质分解越多，青贮质量不佳。因此，氨态氮含量也是衡量青贮饲料品质好坏的重要指标之一。

第五节　能量饲料及其加工调制

能量饲料是指饲料绝干物质中粗纤维含量低于18%、粗蛋白质低于20%的饲料，这类饲料一般化干后每千克物质含消化能在10.46 MJ以上。常见的能量饲料包括谷实类、糠麸类、淀粉质块根块茎类、糟渣类等。

一、分类

（一）谷实类

谷实类包括玉米、大麦、小麦、稻谷、燕麦、高粱等作物的籽实，是猪、牛、羊等畜禽最常用的能量饲料。

（二）糠麸类

糠麸类是禾本科籽实加工后的副产品，如米糠、麦麸等，含有较高的膳食纤维和一定量的蛋白质，也是常用的能量饲料。

（三）淀粉质块根块茎类

淀粉质块根块茎类如马铃薯、红薯、木薯等，含有丰富的淀粉，消化能高，是畜禽重要的能量来源。

（四）糟渣类

糟渣类如酒糟、醋糟、豆腐渣等，是工业生产过程中的副产品，含有一定的营养成分，可作为畜禽的能量饲料。

二、营养价值

（一）碳水化合物

能量饲料中淀粉含量较高，是畜禽获取能量的主要来源。淀粉易于消化，可在畜禽体内迅速分解为葡萄糖，为畜禽提供所需的能量。玉米中碳水化合物的含量超过了 70%，高粱籽实中淀粉的含量约为 70%，燕麦中淀粉含量低于 60%。

（二）无氮浸出物

除淀粉外，能量饲料中还含有一定量的无氮浸出物，如糖类、大麦、稻谷等，这些物质同样可为畜禽提供能量。稻谷中无氮浸出物的含量为 61%～82%，大麦中无氮浸出物的含量在 67%～68%。

（三）蛋白质

能量饲料中的蛋白质含量相对较低，且品质一般。但某些能量饲料，如小麦、大麦等，其蛋白质含量和品质相对较高，可作为蛋白质来源的补充。如玉米中粗蛋白质的含量为 7%～9%，小麦约为 12%，稻谷中粗蛋白质含量在 7%～8%，大麦中粗蛋白质含量相对较高，约为 11%～13%。

（四）氨基酸

能量饲料中的氨基酸含量和比例因种类而异。一般来说，赖氨酸和蛋氨酸等必需氨基酸的含量较低，因此在配合饲料时需要注意补充。

（五）脂肪

能量饲料中的脂肪含量适中，可为畜禽提供必要的脂肪酸和能量。玉米中粗脂肪含量在 3%～4%，主要以甘油三酯为主，有利于畜禽的健康。

（六）矿物质

能量饲料中的钙含量一般较低，而磷含量相对较高。但磷多以植酸磷的形式存在，利用率较低。因此，在配合饲料时需要注意钙、磷的比例和补充。能量饲料中还含有一定量的铁、铜、锌等矿物质，对畜禽的生长发育和健康具有积极作用。

（七）维生素

1. 脂溶性维生素

能量饲料中脂溶性维生素的含量因种类而异。如黄玉米中胡萝卜素较丰富，但其他能量饲料中脂溶性维生素的含量可能较低。

2. 水溶性维生素

能量饲料中水溶性维生素的含量也相对较低，但某些饲料如小麦中B族维生素含量丰富。

（八）其他营养成分

能量饲料中的粗纤维含量较低，有利于畜禽的消化和吸收。能量饲料的水分含量适中，有利于饲料的保存和运输。

三、加工调制

（一）粉碎

将谷实类饲料粉碎成适当大小的颗粒，便于畜禽咀嚼和消化。粉碎后的饲料与消化液的接触面积增大，有助于提高饲料的消化率和利用率。谷实类饲料通常需要粉碎机粉碎（图 10-5）。

图 10-5　玉米粉碎机

（二）浸泡

将饲料置于水中浸泡一段时间，使其吸水膨胀变软，便于畜禽消化。同时，浸泡还可以减轻某些饲料的毒性和异味，提高适口性。但浸泡时间不宜过长，以免营养成分损失和变质。

（三）蒸煮

对于某些含有不良物质的饲料，如马铃薯、豆类等，需要进行蒸煮处理以解除毒性。蒸煮还可以提高饲料的适口性和消化率。但蒸煮时间应控制在一定范围内，以免破坏饲料中的营养成分。

（四）制粒

将配合饲料制成颗粒状，可以保持饲料的均质性，提高饲料的适口性和消化率。同时，制粒还可以减少饲料在贮存和运输过程中的损失。

第六节　蛋白质饲料及其加工调制

蛋白质饲料是指自然含水率低于45%，干物质中粗纤维低于18%，而干物质中粗蛋白质含量达到或超过20%的饲料。这类饲料按照主要来源不同，可分为植物性蛋白饲料、单细胞蛋白饲料和非蛋白氮饲料三大类。

一、分类

（一）植物性蛋白饲料

植物性蛋白饲料主要包括豆类、饼粕类和某些加工副产品。

1. 豆类

豆类如大豆、蚕豆、黑豆等，是优质的植物性蛋白来源，但大部分豆类主要作为食品使用，仅少量用作饲料。

2. 饼粕类

饼粕类如大豆饼、花生饼、葵花籽饼等，是动物最主要的蛋白质饲料资源。这些饼粕类饲料经过加工处理，去除了油脂和部分抗营养因子，提高了蛋白质的利用率。

3. 加工副产品

加工副产品如糟渣类（酒糟、醋糟等）和玉米蛋白粉等，这些副产品也含有一定的蛋白质和其他营养成分，可以作为蛋白质饲料的补充。

（二）单细胞蛋白饲料

单细胞蛋白饲料是利用糖、氮、烃类等物质通过工业方式，培养细菌、酵母等微生物制成的蛋白质。

1. 细菌

某些细菌在适宜的条件下可以大量繁殖，并积累大量的蛋白质。

2. 酵母

酵母如饲料酵母，含有丰富的蛋白质、B 族维生素、氨基酸和矿物质等营养成分，可以作为畜禽的优质蛋白质来源。

（三）非蛋白氮饲料

非蛋白氮饲料是指蛋白质之外的其他含氮物，如尿素、双缩脲、硫酸铵、磷酸氢二铵等。这些物质虽然本身不是蛋白质，但可以在动物体内被微生物利用，合成菌体蛋白，从而间接为动物提供蛋白质。非蛋白氮饲料的适口性差，饲喂过量易引起中毒，因此在使用时需要严格控制用量，并与其他蛋白质饲料合理搭配。

二、营养价值

（一）蛋白质含量高

蛋白质饲料最显著的特点是其蛋白质含量高，通常干物质中粗蛋白质含量达到或超过 20%。例如，豆类含 20%～40% 粗蛋白质，饼粕类含 33%～50% 粗蛋白质。这种高含量的蛋白质为畜禽提供了充足的氨基酸来源，有助于畜禽的生长发育和维持正常生理功能。

（二）氨基酸种类齐全

蛋白质饲料中的氨基酸种类齐全，且比例适当。这些氨基酸是畜禽体内合成蛋白质的重要原料，对于提高畜禽的生长速度和饲料转化率具有重要意义。

（三）能量水平较高

除了蛋白质外，蛋白质饲料还含有一定量的脂肪和碳水化合物，这些成分能够为畜禽提供必要的能量。其脂肪含量较高，能值也相对较高。因此，在提供高质量蛋白质的同时，也能为畜禽提供充足的能量支持。

（四）矿物质和维生素丰富

蛋白质饲料中还含有丰富的矿物质和维生素。蛋白饲料中的钙、磷含量丰富，且比例适当，有助于畜禽骨骼的发育和维持正常生理功能。同时，这些饲料中还含有丰富的维生素，如维生素 B_2、B_{12} 等，对于提高畜禽的免疫力、促进生长发育具有重要作用。

（五）含有未知生长因子

蛋白质饲料中还含有一种未知的生长因子，这种因子能够促进畜禽提高营养物质的利用率，不同程度地刺激生长和繁殖。这种特殊的营养作用使得蛋白质饲料在畜禽养殖中具有不可替代的作用。

（六）易于消化吸收

蛋白质饲料中的蛋白质结构相对简单，易于畜禽的消化和吸收。尤其是经过加工处理的饼粕类饲料，其蛋白质的消化率和利用率更高。这有助于减少畜禽的排泄物量，降低环境污染风险。

三、加工调制技术

（一）植物性蛋白饲料的加工调制

1. 饼粕类饲料的加工

（1）压榨法

将大豆、花生、菜籽、棉籽等经过净化处理、压碎、蒸炒、压榨等过程，使残油含量降低到一定水平，再将饼磨碎以备饲用。

（2）浸提法

浸提法包括顶榨浸提法和直接浸提法，通过有机溶剂浸提油脂，得到低油含量的饼粕供饲用。

2. 去毒处理

（1）棉籽饼去毒

可采用硫酸亚铁石灰水浸泡法，通过加入硫酸亚铁粉末和石灰水上清液浸泡，去除棉籽饼中的游离棉酚。

（2）菜籽饼去毒

主要有土埋法和硫酸亚铁法，通过加水浸泡、加硫酸亚铁处理、蒸煮或烘干等步骤去除菜籽饼中的有毒物质。

（二）其他加工调制技术

1. 发酵处理

通过添加菌种发酵，提高饲料的蛋白质含量和营养价值，同时减少抗营养因子的含量。

2. 酶解处理

使用酶制剂对饲料进行酶解，提高蛋白质的消化率和利用率。

3. 颗粒化

将饲料制成颗粒状，便于畜禽采食和消化，同时减少饲料浪费。

4. 粉碎与制粒

粉碎可以提高饲料的消化利用率，制粒则便于储存和运输。

5. 浸泡与蒸煮

某些饲料原料如玉米、高粱等，可通过浸泡和蒸煮处理提高其消化率。

6. 保护处理

对蛋白质饲料进行保护处理，如使用甲醛、酒糟等天然保护剂，可以降低蛋白质在瘤胃中的降解率，提高其在小肠中的消化吸收率。

第七节 矿物质饲料

矿物质饲料是天然生成的矿物质和工业合成的单一化合物以及混有载体的多种矿物质化合物配成的矿物质添加剂预混料。这类饲料为动物提供生长所必需的矿物常量元素和微量元素，在动物的生长中起着不可或缺的作用。

一、分类

（一）按元素种类分类

1. 常量矿物质饲料

主要提供动物所需的常量元素，如钙、磷、钠、氯、钾、镁、硫等。常见的常量矿物质饲料有石粉、轻质碳酸钙、石膏、磷酸钙类、磷酸钠类、食盐（氯化钠）、氧化镁、硫酸镁、碳酸镁等。

2. 微量矿物质饲料

主要提供动物所需的微量元素，如铁、铜、锰、锌、硒等。微量元素通常以添加剂预混料的形式添加使用，其原料主要有无机化合物、有机盐及蛋白质（氨基酸）螯合物等。

（二）按来源分类

1. 天然矿物质饲料

以可饲用的天然矿物质为原料，通过物理加工制得。常见的天然矿物质饲料包括沸石、膨润土、海泡石、凹凸棒石、麦饭石等。这些矿物质饲料不仅含有动物所需的基本元素，而且由于特殊的结构，所含元素大多具有可交换性和溶出性，易于被动物吸收利用。

2. 工业合成矿物质饲料

通过工业合成方法制得的矿物质饲料。如轻质碳酸钙、磷酸钙类、磷酸钠类等，这些饲料具有纯度高、含量稳定等优点。

3. 混合矿物质饲料

将多种天然或工业合成的矿物质饲料混合而成的饲料。混合矿物质饲料可以根据动物的不同需求和饲养标准进行调整和配比，以满足动物对矿物质元素的全面需求。

（三）按用途分类

1. 通用矿物质饲料

适用于各种动物的矿物质饲料，如碳酸钙和磷酸钙等。

2. 专用矿物质饲料

针对特定动物或特定生长阶段的矿物质饲料，如牛专用的矿物质饲料、幼畜专用的微量元素预混料等。

二、饲用作用

（一）满足动物矿物质需求

矿物质是动物体内不可缺少的营养素之一，它们以无机物的形式存在于动物体内，参与多种生理活动和代谢过程。矿物质饲料能够提供动物所需的常量元素（如钙、磷、钾、钠、氯、镁、硫等）和微量元素（如铁、铜、锰、锌、硒、钴、碘、钼等），满足动物生长、发育和生产的需要。

（二）促进动物生长发育

矿物质饲料中的钙、磷等元素是动物骨骼和牙齿的重要组成部分，对维持骨骼强度和牙齿健康至关重要。同时，这些元素还参与神经传导、肌肉收缩、血液凝固等生理过程，对动物的生长发育和正常生理功能具有重要影响。微量元素如锌、铜、锰等也参与动物体内多种酶的合成和活性调节，对动物的代谢过程和生长发育具有促进作用。

（三）增强动物免疫力

矿物质饲料中的硒、锌等元素具有抗氧化和免疫调节作用，能够增强动物的免疫力，提高动物对疾病的抵抗力。例如，硒是谷胱甘肽过氧化物酶的组成成分，能够清除体内的自由基，保护细胞免受氧化损伤；锌则参与免疫细胞的发育和功能调节，对维持免疫系统的正常运作具有重要作用。

（四）提高饲料利用率和动物生产性能

矿物质饲料能够改善饲料的营养平衡，提高饲料的利用率。例如，钙、磷等常量元素的比例适宜时，能够促进动物对饲料的消化吸收，减少粪便中矿物质的排泄量。同时，矿物质饲料还能提高动物的生产性能，如增加产奶量、提高产蛋率、改善肉质等。

（五）改善养殖环境

一些矿物质饲料如沸石粉等还具有吸附性，能够吸附动物排泄物中的有害气体和有害物质，减少气味污染和环境污染，改善养殖环境。

三、加工调制技术

（一）原料选择与处理

根据动物种类、生长阶段和饲养标准，选择适宜的矿物质原料。常用的矿物质原料包括食盐、石粉、磷酸钙类、硫酸盐类等。随后对原料进行清理，去除杂质和污染物。并根据需要，对原料进行粉碎或研磨，以达到适宜的粒度。

（二）配合与混合

根据动物的营养需求和饲养标准，设计合理的矿物质饲料配方。配方中应包含常量元素和微量元素，且比例适宜。随后使用高效的混合设备，如立式混合机、卧式混合机等，将各种矿物质原料进行充分混合。混合过程中应注意控制混合时间和混合速度，以确保混合均匀度。

（三）制粒与成型

将混合好的矿物质饲料通过制粒机进行制粒。制粒过程中应控制蒸汽的添加量和温度，以确保颗粒的质量和稳定性。对于某些特定的矿物质饲料，如舔砖或舔块，需要进行成型处理。成型过程中应选择合适的模具和成型设备，以确保产品的形状和尺寸符合要求。

（四）包装与储存

使用适宜的包装材料，如塑料袋、编织袋等，对矿物质饲料进行包装。包装过程中应注意控制包装重量和密封性，以确保产品的质量和安全性。将包装好的矿物质饲料存放在干燥、通风、避光的地方。定期检查储存环境，防止潮湿、霉变和虫害等问题。

（五）特殊加工技术

对于一些易氧化、易挥发的矿物质元素，如维生素、酶制剂等，可以采用微胶囊技术进行包被处理。微胶囊技术可以提高这些元素的稳定性和生物利用率。挤压膨化技术是通过挤压膨化设备对矿物质饲料进行加工处理，可以改善其适口性和消化率。挤压膨化技术还可以杀灭饲料中的有害微生物和寄生虫卵，提高饲料的安全性。

第八节 饲料添加剂

饲料添加剂是指在饲料生产加工、使用过程中添加的少量或微量物质，这些物质在饲料中用量虽少但作用显著。饲料添加剂是现代饲料工业中不可或缺的原料，对于强化基础饲料的营养价值、提高动物的生产性能、保证动物的健康、节省饲料成本以及改善畜产品品质等方面都具有明显的效果。

一、分类

（一）按功能分类

1. 营养性添加剂

营养性添加剂主要提供动物所需的营养物质，如氨基酸、维生素、矿物质等。这些添加剂可以补充饲料中营养物质的不足，满足动物生长发育的需要。

2. 非营养性添加剂

非营养性添加剂主要包括抗氧化剂、防霉剂、着色剂、调味剂等。这些添加剂主要用于改善饲料的品质，提高动物的采食量和生长速度，同时也有助于饲料的保存和运输。

3. 药物添加剂

药物添加剂包括抗生素、激素等。这些药物添加剂主要用于预防和治疗动物疾病，提高动物的免疫力。但需要注意的是，药物添加剂的使用应严格遵守国家法律法规和相关标准，避免滥用和残留问题。

（二）按来源分类

1. 天然添加剂

天然添加剂如中草药、大蒜、艾粉等。这些添加剂具有天然、安全、环保等优点，但使用效果可能因原料质量和提取工艺的不同而有所差异。

2. 化学合成添加剂

化学合成添加剂如抗氧化剂、防腐剂、合成氨基酸等。这些添加剂具有效果稳定、成本低廉等优点，但长期大量使用可能对动物健康和食品安全造成潜在风险。

3. 微生物添加剂

微生物添加剂如益生菌、酶制剂等。这些添加剂可以通过调节动物肠道菌群平衡、提高饲料消化利用率等方式，促进动物的健康生长。

（三）按作用方式分类

1. 直接作用添加剂

直接作用添加剂如维生素等。这些添加剂可以直接作用于动物体内，发挥其营养作用。

2. 间接作用添加剂

间接作用添加剂如调味剂、着色剂等。这些添加剂主要通过改善饲料的感官特性或动物食品的视觉特性，间接提高动物的采食量和生产性能。

（四）饲料添加剂的具体种类

1. 氨基酸

氨基酸包括赖氨酸、蛋氨酸、谷氨酸等 18 种氨基酸。这些氨基酸是动物体内合成蛋白质的重要原料，对于提高动物的生产性能和饲料转化率具有重要意义。

2. 维生素

维生素包括维生素 A、D、E、K 以及 B 族维生素等。维生素是动物体内多种酶和辅酶的组成成分，参与多种生理活动和代谢过程。添加适量的维生素可以提高动物的免疫力、促进生长发育和改善产品品质。

3. 矿物质

矿物质如钙、磷、铁、铜、锌、硒等。矿物质是动物体内骨骼、牙齿、血液等组织的重要成分，同时也参与多种生理活动和代谢过程。添加适量的矿物质可以满足动物的营养需求，提高生产性能和健康水平。

4. 抗氧化剂

抗氧化剂如乙氧喹啉等。抗氧化剂可以防止饲料中的脂肪氧化变质，延长饲料的保存期限。同时，抗氧化剂还可以提高饲料的营养价值和动物的采食量。

5. 防霉剂

防霉剂如丙酸、丙酸钠等。防霉剂可以抑制饲料中霉菌的生长和繁殖，防止饲料霉变和产生有害物质。这对于保证饲料的品质和安全性具有重要意义。

6. 调味剂

调味剂如谷氨酸钠、乳糖等。调味剂可以改善饲料的口感和风味，提高动物的采食量和生产性能。同时，调味剂还可以掩盖饲料中的不良气味和味道，提高饲料的适口性。

二、营养作用

（一）提高饲料利用率

饲料中可能缺乏某些微量营养物质，特别是在集约化生产条件下，畜禽易发生营养缺乏症与营养代谢障碍。添加剂可以完善日粮的营养价值，使饲料在动物机体中得到充分消化、吸收和利用，从而提高饲料利用率。

（二）促进动物生长发育

饲料添加剂中的促生长剂具有防病保健、促进畜禽生长的功效。它们能够刺激动物体内激素的分泌或具有与激素相似的作用，从而促进动物的生长发育，提高生产性能。

（三）防治疾病

某些饲料添加剂，如益生素等，可以抑制或杀灭动物体内的有害微生物，预防疾病的发生。同时，它们还能增强动物的免疫力，提高机体对疾病的抵抗力。

（四）改善饲料品质

饲料添加剂可以改善饲料的物理特性，如增加饲料的耐贮性、提高饲料的适口性等。这有助于动物更好地接受和消化饲料，从而提高饲养效果。

（五）改善畜产品品质

通过饲料添加剂，可以改善畜产品的外观色泽与内在品质，如提高肉质的嫩度、风味和营养价值等。这有助于满足消费者对畜产品品质日益提高的要求。

（六）节省饲料成本

饲料添加剂可以利用某些尚未利用或未充分利用的饲料资源，生产出营养价值完善的日粮。这有助于扩大利用那些在单一状态无法利用或限量使用的饲料资源，从而降低配合饲料成本。

（七）调节动物生理功能

一些饲料添加剂，如酶制剂、有机酸等，可以调节动物的生理功能，如促进肠道蠕动、提高消化酶活性等。这有助于动物更好地消化和吸收饲料中的营养物质。

第九节 肉牛精料补充料使用技术

精料补充料是为了补充以粗饲料、青饲料、青贮饲料为基础的反刍动物的营养而用多种饲料原料按一定比例配制的饲料，也称混合精料。它主要由能量饲料（如玉米、高粱等）、蛋白质饲料（如豆粕、棉籽饼等）、矿物质饲料（如石粉等）和部分饲料添加剂（如维生素、矿物质预混料等）组成，如此才能满足反刍动物的营养需要。

一、精料补充料配制的基本原则

（一）根据生产性能确定配方

养殖场应根据肉牛具体的生产性能来确定精料补充料的配方，而不是以配方来定牛的生产性能，如此才能最大限度地发挥肉牛的生产性能潜力，还能有效提高饲料的利用效率。

（二）控制饲料成本

对于贵州放牧地区而言，应尽量采用常规饲料原料＋非常规饲料原料＋适当加工＋科学配制＋具有针对性的添加剂的配制原则，使用多种饲料原料进行搭配，并选择当地价格相对较低的原料，以降低饲料成本。通过计算机规划法或试差法等方法，设计成本相对较低且效益较高的饲料配方。

（三）具有较强的针对性

精料补充料的配制应随季节性变化而调整，以适应不同季节对动物营养需求的影响。同时针对不同的饲养方式（如放牧、舍饲等），精料补充料的配制也应有所不同。此外，根据动物的生理阶段或生产水平，查饲养标准并结合实际情况确定各养分需要量，以确保精料补充料的针对性。

（四）控制饲料品质

在选择饲料原料时，应确保原料无毒害、无霉坏变质，并避免使用含有抗营养因子的原料。在确定饲料原料的用量时，应注意不要造成毒害，确保饲料的安全性。尤其是在南方雨水较多的地区，需要做好饲料的防腐工作，避免肉牛发生霉菌中毒的情况。

（五）比例得当

饲料配方中各种养分间的比例应适当，保持营养平衡。这通常要求精料补充料配方能与粗饲料品质相匹配，并达到饲养标准的要求。日粮中精饲料与粗饲料的比例取决于粗饲料的质量，粗饲料质量好，如苜蓿干草，精饲料的比例可低些。一般情况下，精饲料与粗饲料的比例为（40∶60）～（60∶40），精料补充料不可超过 70%。设计日粮时，充分考虑采食量，确保肉牛能吃完，否则会影响肉牛的生产性能。

二、精料补充料的配制方法

（一）确定原料

1. 能量饲料

能量饲料主要选用玉米、大麦和高粱等，占精料的 60%～70%。

2. 蛋白质饲料

蛋白质饲料主要选用豆饼（粕）、棉籽饼（粕）、花生饼等，占精料的20%～25%。在产棉区，育肥肉牛蛋白质饲料可以棉籽饼（粕）为主。但需要注意，小作坊生产的棉籽饼不能喂牛，以防止棉酚中毒。豆饼（粕）、棉籽饼（粕）、花生饼的最大日喂量不宜超过 3 kg。

3. 矿物质饲料

矿物质饲料包括食盐、小苏打、微量元素和维生素添加剂等，一般占精料的 3%～5%。其中，青年牛育肥时添加量约占精料的 2%，架子牛育肥时占 0.5%～1%；食盐的添加量随季节变化，冬、春、秋季节占精料的0.5%～0.8%，夏季占 1%～1.2%；以酒糟为主要粗饲料时，小苏打添加量约占精料的 1%，其他粗饲料喂牛时，夏季可添加 0.3%～0.5%。

（二）计算用量

根据肉牛的体重、生长阶段和生产性能，计算出所需的各种原料的用量。注意保持能量与蛋白质以及矿物质和维生素等营养物质的平衡。

（三）混合加工

将各种原料按照配方比例精确称量，混合均匀。可以使用饲料混合机进行混合，以确保每份饲料中各种营养物质均匀分布。

（四）制成颗粒

将混合好的精料补充料制成颗粒状，便于肉牛采食和消化。颗粒的大小应根据肉牛的口型和采食习惯来确定。

三、参考配方

以下是一些针对不同体重和生长阶段的肉牛精料补充料的参考配方。

1. 体重 150～200 kg 的肉牛

玉米：0.1 kg；豆饼：1 kg；玉米秸或酒糟：3 kg（或 15 kg）；食盐：40 g；尿素：50 g；磷酸钠：20 g；瘤胃素：60 mg；芒硝：15 g。

2. 体重 200～250 kg 的肉牛

玉米：2.6 kg；豆饼：1 kg；稻草或酒糟：2.9 kg（或 20 kg）；食盐：40 g；尿素：60 g；碳酸钙：20 g；瘤胃素：90 mg；芒硝：18 g。

3. 体重 250～300 kg 的肉牛

玉米和粗料的供给量保持不变（玉米根据体重进一步增加时调整）；食盐：65 g；尿素：100 g；碳酸钙：10 g；瘤胃素：160 mg；芒硝：30 g。

4. 体重 300～400 kg 的肉牛

玉米：5.7 kg；豆饼：1 kg；玉米秸或酒糟：2.3 kg（或 30 kg）；食盐：100 g；尿素：150 g；瘤胃素：360 mg；芒硝：45 g。

5. 体重 400 kg 以上的架子牛

玉米：65%；豆粕或棉粕：20%；米糠或麸皮：15%；肉牛中后期催肥强补营养素：500～1 000 g。

6. 体重 250 kg 以上的青年牛

玉米：60%；豆粕或棉粕：30%；米糠或麸皮：10%；骨粉：1.5%；肉牛中后期催肥强补营养素：1 000 g。

第十节　肉牛全混合日粮（TMR）技术

肉牛全混合日粮（TMR）技术是一种根据肉牛不同生理阶段和生产性能的营养需要，采用营养调控技术，将不同饲料原料粗料、精料、矿物质、维生素和其他添加剂等各种饲料原料，按照一定比例和顺序，用特定的设备和加工工艺，均匀混合而制成的营养全价的日粮。

一、TMR 技术的优点

①TMR 技术可以确保肉牛采食的饲料营养均衡，提高肉牛的采食量和生产效率。

②由于饲料混合均匀，肉牛消化系统疾病的发生率也会降低。

③TMR 技术可以充分利用各种饲料资源，提高饲料的利用率和经济效益。

④TMR 技术简化了饲养管理过程，降低了劳动强度。

二、TMR 技术的设备

①粉碎机：用于粉碎玉米、豆粕等籽实类饲料原料。

②铡草机：用于秸秆、苜蓿、干草等粗饲料的切割。

③TMR 搅拌车：根据牛场、牛舍设施条件选择牵引或自走式、固定式 TMR 机。卧式适用于比重较大、较松散、含水率低的小批量物料混合；立式适用含水量较高、黏附性好物料混合。

三、TMR 技术的配制原则

充分利用当地饲料资源，使原料品种多样化。保持日粮组成相对稳定，考虑适口性、肉牛采食量和有饱腹感。根据肉牛品种、不同生理阶段及不同生长期精粗饲料比按（30∶70）～（70∶30）搭配，保证中性洗涤纤维占日粮干物质 28% 以上。饲料原料要保证优质、营养丰富、不霉变、卫生指标不超标，原料中不得混有铁器、石块、包装绳等杂物。

四、TMR 技术的制作工艺

（一）原料加工

青（黄）贮饲料要严格控制水分，切碎长度以 2～4 cm 为宜；干草类要铡短，长度以 3～4 cm 为宜；糟渣类水分控制在 65%～80%；精料要粉碎，粉碎后 99% 通过 2.8 mm 编织筛，不得有整粒谷物，通过 1.40 mm 编织筛筛上物不得多于 20%。

（二）机械制作

卧式 TMR 机填装顺序为混合精料、干草（秸秆等）、青（黄）贮、添加剂；立式 TMR 机填装顺序为（秸秆类）、青（黄）贮、糟粕、青绿、根块类、混合精料（籽实）、添加剂。装量占机器容量的 60%～75%。要边装边搅拌，装干草搅拌 4 min、青（黄）贮搅拌 3 min、糟渣类搅拌 2 min、精料补充料搅拌 2 min，最后一批料装完后再搅拌 4～8 min，总搅拌时间需 25～40 min。饲料搅拌机见图 10-6。

图 10-6 饲料搅拌机

五、质量评价与饲喂管理

（一）质量评价

制作完的全混合日粮应混合均匀，色泽均匀，松散不分离，水分含量在 35%～45%，4 cm 长度粗饲料要占 20% 左右。

（二）饲喂管理

1. 日常饲喂

根据圈舍大小、机械容量，按照品种、年龄、体重、日增重目标、养殖模式进行分群，尽量减少同群牛个体间差异。使用移动式 TMR 机将制作好的饲料运到牛舍，均匀投放到牛槽中。每日投料 2 次，按照日饲喂量的 50% 早晚各投放一次，也可按早 60%、晚 40% 的比例投喂。

2. 日常管理

定期检查饲料原料，确保不发霉、变质。每天要检查食槽，观察日粮一致性和搅拌均匀度。每头牛要有 0.5～0.7 m 的采食空间，保证每头牛都能充分采食到饲料。每次投喂前要清槽，定期刷槽，保证饲槽清洁卫生。日粮要在饲喂前制作，在当日吃完，保持饲料新鲜。不随意变换日粮配方，要保证日粮成分相对稳定，如需变换要有 10 d 左右的过渡期。保证饮水充足，冬季最好饮温水。有条件的情况下，对牛只去角，避免相互争斗。

第十一章 贵州特色饲料与加工利用

第一节 贵州主要农作物及副产物饲料化利用

饲料对动物养殖的意义重大，它不仅是动物生长发育的物质基础，还直接影响养殖效益、动物健康、环境可持续性以及食品安全等多个方面。农作物及副产物是动物饲料最主要的来源，农作物及副产物如秸秆、红薯渣、食用菌副产物（菌糠、菇根等）等，经过适当的处理，可以转化为优质的饲料资源。这些资源的有效利用能够显著降低肉牛养殖业的饲料成本。例如，秸秆经过菌酶协同发酵技术处理后，其营养价值得到提升，且适口性增强，可以作为肉牛的重要饲料来源，从而减少对传统谷物饲料的依赖。

一、贵州主要农作物及其产量

贵州主要农作物包括稻谷、玉米、马铃薯、大豆等粮食作物，以及茶叶、蔬菜、食用菌、中草药材、园林水果等经济作物。

（一）主要粮食作物

近年来，贵州稻谷播种面积和产量有所波动。以 2023 年为例，稻谷播种面积为 860.6 万亩（1 亩≈667 m^2），产量未直接给出总产量，但可根据播种面积和单产推算。而 2024 年上半年，虽然未给出具体稻谷产量，但农林牧渔业总产值中种植业增长 4.4%，暗示包括稻谷在内的粮食作物产量可能有所增长。贵州玉米产量较高，且近年来持续增长。2023 年，玉米播种面积为 1 030.7 万亩，产量为 343.4 万 t，同比增长 14.6%。马铃薯是贵州重要的粮食作物之一。2024 年夏粮产量中，马铃薯（折粮）产量为 201.85 万 t，同比下降 0.66%。但单位面积产量有所增加，显示出种植技术的提高。

（二）主要经济作物

贵州是中国著名的茶叶产区之一。近年来，茶叶产量持续增长，2024 年上半年，茶叶产量增长 6.1%。蔬菜是贵州的重要经济作物之一，2024 年上半年，蔬菜产量增长 3.9%。贵州食用菌产业发展迅速，2024 年上半年，食用菌产量比上年同期增长 9.3%。贵州中草药材资源丰富，产量逐年增长，2024 年上半年，中草药材产量增长 7.1%。贵州园林水果产量也有所增长，2024 年上半年，园林水果产量增长 6.1%。

贵州主要农作物产量受多种因素影响，包括播种面积、种植技术、气候条件等。近年来，随着农业现代化进程的加快和种植技术的提高，贵州农作物产量整体呈现增长趋势。但具体年产量数据可能因年份、地区等因素而有所差异。

二、农作物副产物及其利用

（一）秸秆资源情况概述

1. 产量情况

作物秸秆作为一种常见的粗饲料资源，指的是农作物在收获主要产物后遗留在地面的茎、叶及藤蔓等副产品，其占作物整体生物量的约 50%。这些秸秆中富含动物生长所需的非淀粉大分子物质，如纤维素、木质素和半纤维素，有 65%～80% 的干物质能够为动物提供必要的能量。然而，目前对秸秆的饲料化利用程度仍然相对较低。贵州作物种植面积年均达 4.5×10^6 hm²，年产秸秆约 1 500 万 t，主要集中在玉米、水稻、油菜、烤烟、高粱和薏苡秸秆上。这些秸秆资源为贵州农业废弃物饲料资源化利用提供了坚实的基础，具备巨大的饲料化潜力。尽管如此，长期以来农作物收获的主要副产物秸秆处理方式多为就地焚烧、直接还田或饲养牲畜，这些粗放的利用方式限制了饲料化、基料化和生物质发电等更有效的处理途径。大规模的秸秆处理体系尚未形成，这在很大程度上制约了贵州经济的进一步发展及农田生态系统的建设。贵州主要农作物副产物与主产品比值情况见表 11-1。

表 11-1　贵州主要农作物副产物与主产品比值

项目	比值
稻草产量 / 稻谷产量	0.90
玉米秸秆产量 / 玉米产量	1.20
大豆秸秆产量 / 大豆产量	1.60
甘蔗渣产量 / 甘蔗产量	0.24
花生秸秆产量 / 花生产量	0.80
油菜秸秆产量 / 油菜籽产量	1.50
薏苡秸秆产量 / 薏苡产量	1.50

2. 主要农作物秸秆营养成分

我国农作物秸秆资源丰富，分布广泛，不同地区、不同品种种植的农作物秸秆，其营养成分含量有所不同。农作物秸秆含量高，一般粗纤维含量通常在 30%～45%，是秸秆的主要组成部分。粗纤维主要集中于细胞壁，由纤维素、半纤维素和木质素组成。纤维素和半纤维素可在牛羊等反刍动物的瘤胃中被纤维分解菌酸解，生成挥发性脂肪酸，如乙酸、丙酸、丁酸等，作为动物的能源利用。但是秸秆的蛋白质含量较低，一般为 3%～6%，只能满足动物维持需要的 65% 左右。含有水分和糖分较多的秸秆（如玉米秸秆、小麦秸秆等）是较好的饲料原料，但收割时间对秸秆的水分和糖分含量有很大影响，收割过早或过晚都会影响其发酵效果和饲用价值。贵州主要农作物副产物营养成分情况见表 11-2。

表 11-2　贵州主要农作物副产物营养成分情况　　单位：%

样品	粗蛋白质	粗脂肪	粗纤维	中性洗涤纤维	酸性洗涤纤维	粗灰分	无氮浸出物	钙	磷
稻草	3.63	1.82	37.90	44.43	39.90	11.43	37.24	0.52	0.28
玉米秸秆	7.58	2.01	45.47	54.47	48.40	12.11	25.75	0.86	0.24
大豆秸秆	8.37	3.85	48.91	57.85	51.91	11.57	18.14	0.42	0.08
甘蔗渣	2.52	3.35	47.58	56.71	50.58	12.51	30.81	0.35	0.07
花生秸秆	8.45	4.67	35.21	43.16	37.75	10.65	34.94	0.96	0.17
油菜秸秆	7.48	5.58	30.78	35.78	31.78	6.63	39.96	0.49	0.43
薏苡秸秆	8.52	3.47	37.48	46.37	40.63	9.33	35.85	0.64	0.16
荞麦秸秆	3.72	1.65	38.47	48.36	41.65	10.58	38.76	0.83	0.12

注：数据来源于韦兴迪等（2022）。贵州主要农作物及其副产物资源调查与饲用价值评价研究。

（二）秸秆利用情况

1. 肥料化利用

贵州积极推广秸秆还田技术，通过机械粉碎还田、翻压还田、堆沤还田等方式，将秸秆转化为有机肥料。这不仅提高了土壤肥力，还减少了化肥的使用量，降低了农业生产成本。例如，2023 年贵阳贵安地区通过机械粉碎还田等技术推广，实现了秸秆“肥料化”利用 24.99 万 t。

2. 饲料化利用

秸秆作为牛羊等反刍动物的饲料来源，具有广阔的应用前景。贵州通过直接饲喂、微生物黄贮、混合酒糟青贮等方式，将秸秆转化为优质的饲料资源。这不仅降低了饲料成本，还提高了动物的生长性能和产品质量。

3. 燃料化利用

贵州还积极探索秸秆的燃料化利用途径，通过生物质燃料颗粒厂等加工企业，将秸秆转化为低碳清洁型颗粒燃料。这种燃料不仅高效易燃、出灰量少，还能减少温室气体排放，有利于环保。同时，燃料颗粒的费用比用电便宜一半、比燃煤便宜 1/3，有效降低了村民的生活成本。

4. 基料化利用

秸秆还可以作为食用菌等微生物的培养基料，通过发酵等技术处理，将秸秆转化为有价值的食用菌栽培基质。这不仅拓宽了秸秆的利用途径，还促进了农业废弃物的资源化利用。

5. 原料化利用

部分秸秆还可以作为工业原料，如造纸、板材等行业的原料来源。虽然这部分利用量相对较少，但为秸秆的多元化利用提供了新的思路。

（三）秸秆利用成效

1. 综合利用率高

近年来，贵州秸秆综合利用率持续提高。例如，2023 年贵阳贵安地区秸秆综合利用率达到 90.39%，实现了秸秆资源的有效利用。

2. 经济效益显著

通过秸秆的多元化利用，贵州不仅提高了农业生产效益，还带动了相关产业的发展。如秸秆燃料化利用为村民增加了额外收入，秸秆饲料化利用降低了饲料成本等。

3. 生态效益良好

秸秆的资源化利用减少了农业废弃物的排放，降低了环境污染。同时，秸秆还田等技术还提高了土壤肥力，促进了农业的可持续发展。

第二节　贵州肉牛养殖常用饲草概述

粗饲料是肉牛的主要饲料来源，在肉牛养殖及肉牛营养体系中占据着重要位置，也是肉牛养殖和从业者关注的重点。肉牛的营养与粗饲料的利用密切相关，其重要性体现在干物质体内消化率与采食量上，最终表现为对肉牛生产性能的影响。在肉牛饲养中，一般将粗纤维含量≥18%（干物质基础）的饲草、农作物秸秆、秕壳类等称为粗饲料，具有来源广、成本低、粗纤维含量高等特点，可使牛产生饱食感，刺激牛进行正常反刍，是肉牛饲养中不可或缺的一类饲料。近年来，贵州大力发展生态畜牧业，尤其是肉牛产业的迅速发展对粗饲料（特别是饲草）资源的需求量增大，而贵州多以高原、丘陵、山地为主，虽拥有丰富的植物资源和良好的生态环境，但省内海拔差异大，可直接利用的种植面积有限。目前贵州用于肉牛养殖的饲草主要有皇竹草、甜高粱、多花黑麦草和紫花苜蓿，现介绍如下。

一、皇竹草

皇竹草（图 11-1）原产于南美洲哥伦比亚，又称杂交狼尾草，是南美洲象草和狼尾草杂交育成的禾本科牧草，属 C_4 多年生植物；具有抗病力强、生长快、适应性强、产量高、营养丰富等特点，茎叶柔嫩多汁、适口性好、营养丰富，是牛、羊等草食动物的主要青饲料和青贮饲料来源。

图 11-1　皇竹草

（一）营养价值

皇竹草为高产、高蛋白优质青饲料，在良好的栽培管理下鲜草年产量可达 20～25 t/亩，鲜草粗蛋白含量 4.6%，精蛋白 3%，糖 3.02%，含有 17 种氨基酸和多种维生素，是肉牛养殖的上好青饲料。无论是鲜草还是青贮或风干加工成草粉均可饲喂肉牛，可大大降低生产成本。皇竹草营养成分（干物质）指标为：粗蛋白质 18.46%，精蛋白 16.68%，粗脂肪 1.74%，灰分 9.91%，粗纤维 17.78%，钙 0.678%，无氮浸出物 41.11%，钾 0.11%。

（二）饲用

皇竹草是饲喂肉牛的全功能牧草，消化吸收率高，在储存过程中加入少量的食盐以及尿素，可以在一定程度上提升皇竹草的饲养价值与营养品质。

1. 青饲利用

用于刈割青饲的皇竹草在株高 1.2 m 以下时营养价值较高，鲜草产量最高，家畜喜食。用于青饲的皇竹草要切成 3 cm 左右饲喂，秸秆经切碎后体积变小，便于采食和咀嚼，增加采食量，同时增加了与瘤胃微生物的接触面积，有利于微生物降解。在正常情况下每亩皇竹草鲜草辅以适量精料可饲养肉牛 8～10 头（120 d）育肥期。

2. 青贮利用

用于青贮的皇竹草在植株生长旺季，株高 1.5 m 左右时刈割最好，产草量最高。青贮前须将水分控制在 60%～70%，然后将植株切割成 3 cm 左右长短，适量添加 0.3%～0.5% 尿素和 1%～2% 食盐，可提高牧草的营养价值，改善牧草品质。用青干草、精料、青贮皇竹草饲喂 18 月龄的架子牛，结果表明每头牛年均节省精料 300～500 kg，饲养效益提高 154%，经济效益明显。

（三）贵州皇竹草种植情况

贵州境内不同海拔地区皇竹草产量有较大差异，在海拔 1 000～1 500 m 皇竹草鲜草产量约为 18 t/亩，海拔 1 500～2 200 m 产量约为 14 t/亩。可见，在海拔较低和较高地区皇竹草产量均较高。

二、甜高粱

甜高粱又称为糖高粱、甜秆等，源于非洲东部地区，光合效率高，是一种优良的粮食、饲料、糖料、能源作物，是目前世界上生物学量最高的作物之一，有“高能作物”之称，营养价值高。甜高粱具有抗逆性强、适应性强、生长迅速、糖分积累快、生物产量高等特点。

（一）营养价值

甜高粱营养丰富，淀粉含量为65.9%，粗脂肪2.39%～5.47%，粗蛋白8.42%～14.45%；无论是青贮还是作青饲料，适口性较好，易于动物消化吸收。研究表明，用青贮甜高粱饲喂肉牛比玉米秸秆每头平均日增重多0.47 kg；用甜高粱作青贮饲料喂养奶牛，每头奶牛每天产奶量增加0.55 kg，乳脂率提高0.12%；用甜高粱替代奶牛日常饲喂草料中的部分干草，日产奶量增加2.84 kg；用青贮甜高粱饲喂奶牛日产奶量比青贮玉米增加2.19 kg。无论是肉牛还是奶牛，饲用甜高粱都表现出良好的饲用效果。

（二）饲用

饲用甜高粱具有蛋白质含量高、氢氰酸含量低等特点，有较高的饲用价值，用来饲喂家畜能产生较好的经济效益。

1. 单一青贮

甜高粱可以用作牧草、干草、青饲料和青贮饲料，青贮是目前作为饲料利用的主要形式。甜高粱青贮后有较好的适口性，可长时间保存，营养成分不会流失，能促进家畜消化腺的分泌活动、增强免疫力、提高消化率等。

2. 混合青贮

混合青贮是一种高效的青贮方式。甜高粱和全株青贮玉米混贮后可以弥补甜高粱淀粉含量不足的缺点，提高全株玉米青贮的总糖含量，适口性好，营养价值全面。将甜高粱和拉巴豆按不同比例分别混合青贮结果表明，甜高粱和拉巴豆5∶5混贮时青贮料粗蛋白含量和无氮浸出物含量较高，粗纤维含量较低，青贮效果较好。野生大豆单独青贮发酵品质不佳，但与甜高粱混贮后不但青贮发酵品质较好，而且混合青贮显著提高了青贮饲料的粗蛋白含量。

（三）贵州甜高粱种植情况

甜高粱对环境条件要求严格，在贵州分布范围较窄，在低海拔 300～1 000 m 才能保证产量在 3 000 kg/ 亩以上，海拔 1 000 m 以上则产出效果差。

三、多花黑麦草

多花黑麦草又名意大利黑麦草（图 11-2），原产于欧洲南部、北非北部等地，属一年生或短寿多年生禾本科草种，具有生长快、产量高、品质好、抗病虫能力强、耐刈割的特点；其茎叶柔嫩、适口性好、品质优良、富含蛋白质、粗纤维少、营养全面，被称为“世界优等栽培牧草之一”，可用来青饲、青贮或调制干草，是肉牛的优质饲草。

图 11-2　黑麦草

（一）营养价值

多花黑麦草营养丰富，饲用价值高，主要营养成分含量为：粗蛋白 17.66%，粗脂肪 9.42%，粗纤维 20.50%，无氮浸出物 36.75%，灰分 14.57%，钙 0.56%，磷 0.54%；各种营养成分含量及消化率随生长期的延长而逐渐下降，需适时利用；在良好的栽培管理和合理的刈割条件下，产草量在 6 000 kg/ 亩以上。在肉牛日粮中补喂多花黑麦草能够提高日增重，有效提高经济效益；用多花黑麦草饲喂肉牛，增重速度与日增重明显提高。

（二）饲用

多花黑麦草叶片多、茎秆少、草质鲜嫩、营养丰富、消化率高，主要喂养奶牛、肉牛等草食家畜，可青饲、定期放牧和青贮等。青饲在牧草长到 40 cm 左右时刈割，直接饲喂，此时草质柔嫩多汁，营养价值最高，适口性好。放牧宜在株高 25～30 cm 时进行，采用与豆科牧草混播，以提高产草量及保证均衡营养物质。青贮在孕穗期前刈割，装入青贮窖中封存发酵，40～50 d 后开窖使用，不受季节限制。品质良好的黑麦草青贮料颜色呈黄绿色，具酸香味，各类家畜均喜食。

（三）贵州多花黑麦草种植情况

不同海拔地区多花黑麦草产量有较大差异，多次刈割的情况下，在海拔 500～800 m 鲜草产量 5 962.6 kg/ 亩，在海拔 800～1 300 m 产量为 4 961.6 kg/ 亩，海拔 1 300～2 200 m 产量为 3 286.3 kg/ 亩。可见，在海拔较低地区多花黑麦草产量较高。

四、紫花苜蓿

紫花苜蓿（图 11–3）为豆科苜蓿属多年生草本植物，富含蛋白质、维生素等多种营养物质，是世界上栽培面积最广的牧草之一，具有营养价值高、适口性好、抗逆性强、产量高、易消化等优点，有“牧草之王”的美誉。每千克优质紫花苜蓿草粉相当于 0.5 kg 精饲料的营养价值，可用来青贮或制作干草，是肉牛的优质精饲料补充料。

图 11–3　紫花苜蓿

（一）营养价值

紫花苜蓿粗蛋白含量高达18%～24%，富含氨基酸、维生素，其中胡萝卜素、叶酸、生物素含量分别为94.60 mg/kg、4.36 mg/kg、0.54mg/kg，粗纤维含量在25%左右，钙含量为1.5%～1.9%（比禾本科牧草高6倍），生物利用率高，微量元素含量丰富，含有异黄酮、大豆黄酮、苜蓿多糖等营养成分，具有改善机体免疫力、提高机体抗氧化能力等功能，可促进生长发育，提高肉牛的生产性能。紫花苜蓿能明显增加奶牛体重和奶产量，改善乳品质以及提高饲料转化率，是良好的植物蛋白质来源。在肉牛的日粮中添加苜蓿青干草替代部分粗饲料，可以提高肉牛的日增重、饲料报酬和牛肉中氨基酸含量。在肉牛的饲粮中添加不同水平的苜蓿干草，可以提高肉牛的日增重，降低料肉比，降低肌肉和血清中总胆固醇、低密度脂蛋白、胆固醇和三酰甘油的含量，起到改善脂质代谢的作用。

（二）饲用

紫花苜蓿在肉牛养殖生产中分为干草、青贮、草粉、草块、草颗粒以及鲜草使用，但使用最多是以青贮的形式。苜蓿青贮是目前保存苜蓿比较经济有效的方法之一，不仅可以较好保存苜蓿的营养，还可改善苜蓿的口感，从而提高采食消化率。良好的紫花苜蓿青贮料具有青绿多汁、适口性好、消化率高、保持营养、可长期保存等优点，是肉牛冬春的良好饲料。与苜蓿干草相比，苜蓿青贮能较多地保存植物的营养物质，青贮饲料经过乳酸发酵后，生成大量的乳酸和少部分乙酸，质地柔软，具有酸甜清香味，牲畜都很喜食，是蛋白质和维生素（特别是胡萝卜素）的重要来源。苜蓿青贮的能量、蛋白质消化率也高于同类干草产品，并且青贮饲料干物质中的可消化粗蛋白、可消化总养分、可消化能量含量也较高。与其他饲草和作物青贮饲料相比，苜蓿青贮饲料粗蛋白、钙、磷的含量较高，而总可消化养分含量较低。

（三）贵州紫花苜蓿种植情况

贵州不同海拔地区紫花苜蓿产量有较大差异，在海拔500～1 000 m产量为 4 579.6 kg/亩，在海拔 1 000～1 500 m 产量为 4 355.1 kg/亩，海拔 1 300～2 200 m 产量为 1 953.4 kg/亩。可见，在海拔较低地区紫花苜蓿产量较高。

五、小结

通过对皇竹草、甜高粱、多花黑麦草、紫花苜蓿 4 种肉牛常用饲草在贵州不同海拔地区的种植情况分析，皇竹草适应能力更强，在不同海拔地区均有种植，且产出效果良好，甜高粱、多花黑麦草、紫花苜蓿则次之，仅在低海拔地区有稳定产出；从综合营养指标角度分析，甜高粱、紫花苜蓿、多花黑麦草略优于皇竹草，但皇竹草通过青贮利用可大大节约精料用量，经济效益明显；从产量角度分析，皇竹草适应范围广，且产量稳定，推广效果更佳。综合考虑，粗饲料中皇竹草在饲喂效果、养殖成本、产量以及种植范围等方面均具有较大优势，适合贵州不同海拔地区肉牛养殖的特殊需要，可作为贵州肉牛常用粗饲料并大力推广。

第三节 贵州特色饲草料优势

贵州地处云贵高原，气候温暖湿润，四季分明，光照充足，雨量充沛，这些自然条件为饲草的生长提供了良好的环境。此外，贵州地形地貌也为饲草的多样化种植提供了可能，使得不同种类的饲草能够在不同的生态环境下生长。贵州大力发展牛羊产业，饲草产业作为牛羊产业的前提和保障，也得到了快速发展。贵州省政府以及各市县政府不断推出支持政策，推动饲草产业的规模化、产业化发展。同时，贵州还积极探索适合本地的饲草种植和放牧方式，如推广“优势农作物 + 草”和“一年两草”等高效生产模式，充分利用冬闲田土资源，提高土地复种指数和单位面积产量。这些措施不仅为牛羊产业提供了数量可观的优质青绿饲料，同时缓解了冬春季饲草料缺乏的问题。

此外，贵州酱香型白酒享誉世界，贵州的酒糟资源十分丰富。根据调研统计，目前贵州规模以上白酒企业生产白酒 32.4 万 kL，酱香型白酒占比 90% 以上，全省酒糟产出 200 余万 t。其中，遵义市是酒糟的主要产地，特别是仁怀市，其白酒产量和酒糟产出均占据较大比例。酒糟（图 11-4）作为白酒生产的副产品，含有丰富的粗淀粉、粗蛋白、糖和有机酸等营养成分，因此可以作为饲料原料，供给牛羊等养殖行业。因此，贵州丰富的酒糟也成为当地特色饲料资源的优势。

图 11-4　酒糟饲料

一、酒糟资源

利用微生物发酵菌对酒糟进行发酵处理，可以生产出高营养的牛饲料，这种发酵饲料不仅提高了酒糟的利用率，还提升了饲料的营养价值。利用益生菌对茅台白酒糟进行发酵，然后替代部分精料饲喂肉牛，这种饲料化利用方式不仅实现了白酒糟的循环利用，还提升了肉牛的日增重和肉质。

但在酒糟利用过程中，也存在一定的挑战，首先酒糟的收集、储存和运输需要一定的技术和设备支持。另外，在酿酒过程中，需要添加稻壳等疏松物质以提高出酒率，同时可溶性碳水化合物发酵成醇被蒸馏出来，导致酒糟中无氮浸出物含量下降，粗纤维含量大幅增加，降低了酒糟的营养价值，直接饲喂畜禽容易引起便秘、流产、死胎等不良后果。建议对不同产地酒糟的营养价值进行评定，深层开发利用酒糟资源，提高其饲喂效价，缓解贵州蛋白饲料资源的短缺。酒厂常用来盖酒糟的曲草（图 11-5）也是不错的肉牛养殖粗饲料来源。

图 11-5　曲草

二、刺梨渣等果渣的饲料化利用

（一）产量情况

贵州省委、省政府将刺梨产业列为 12 个农业特色产业之一，贵州刺梨资源十分丰富，其中以六盘水、毕节、安顺、黔南自治州刺梨产业资源最为丰富，贵阳周边地区均有分布。根据《贵州省推进刺梨产业发展工作方案（2014—2020 年）》的产业发展目标，打造 4 个州市、14 个县（区、特区）刺梨产业带，建设生产、加工、销售一体化产业链。到 2020 年，全省刺梨种植面积大于 120 万亩；进入盛产期后，年产鲜果 120 万 t，基本满足省内加工企业需要和消费者需求；刺梨产业实现年总产值 48 亿元，成为贵州打造现代高效农业，实现精准扶贫和改善生态环境的重要产业。虽然关于刺梨的开发应用已经很多，但大部分集中在刺梨果或刺梨汁的开发利用，而对刺梨附属产品如刺梨渣发展不够。生产刺梨原汁，果实榨汁后产生约 50% 的皮渣，意味着盛产期后将有 30 万～40 万 t 的刺梨渣产生。目前，一般将大量刺梨渣作为废弃物处理或者简单加工用于肥料部分添加，造成了资源极大浪费，而且随意堆放会对环境造成一定污染。

除了刺梨渣外，贵州省还拥有丰富的其他水果资源，如苹果、梨、桃子等。这些水果在加工过程中同样会产生大量的果渣。然而，关于这些果渣的具体产量数据，目前也缺乏详细的统计资料。但可以肯定的是，随着水果产量的增加和加工规模的扩大，果渣的产量也在不断增加。

果渣的饲料化利用具有巨大的潜力，果渣作为一种富含维生素、氨基酸的饲料来源，能够有效促进牛等反刍动物的消化吸收，提高生产性能，经过适当的处理后可以作为优质的饲料原料。同时，果渣的饲料化利用还可以减少环境污染，实现资源的循环利用。

（二）应用现状

贵州畜牧兽医研究所与盘州和成养殖场联合承担的“刺梨渣生物资源饲料化利用与示范”项目，通过刺梨渣发酵饲喂肉牛取得良好效果，经研究，刺梨渣青贮后各项营养性能指标均衡，饲喂肉牛日增重效果较好，优于常用的皇竹草青贮，与饲用玉米青贮相近。刺梨渣作为刺梨加工副产物，价格极其低廉，刺梨渣发酵饲料制作成本远低于玉米青贮料，降低了肉牛养殖成本。贵州轻工职业技术学院益康科创团队利用发酵技术成功提取出刺梨果渣水果饲料添加剂，该添加剂具有一定的保健功能和康复作用，并能有效提高饲料的营养价值和肉质品质。经过技术处理，刺梨渣可以转化为高质量的饲料原料，用于猪、牛、羊等畜禽的饲养。当前刺梨果渣饲料添加剂已被多家养殖企业采用，并显示出良好的饲养效果和市场前景。

（三）饲料化利用情况

研究团队成功研发出刺梨渣配合饲料及刺梨渣发酵菌剂两种产品。这些产品不仅填补了贵州没有果渣饲料加工企业的空白，还显著提高了养殖业的发展水平。除了刺梨渣外，贵州还利用其他水果加工过程中产生的果渣进行饲料化利用。这些果渣经过处理后，同样可以转化为高质量的饲料原料，为养殖业提供丰富的营养来源。刺梨发酵饲料见图 11-6。

虽然贵州在果渣饲料化利用方面取得了一定成果，但仍存在技术瓶颈需要突破。例如，如何提高果渣饲料的营养价值、降低生产成本等问题仍需进一步研究和解决。

图 11-6　刺梨发酵饲料

三、稻草

（一）产量及营养情况

贵州作为中国的农业大省之一，拥有丰富的草场草坡资源。贵州水稻种植面积广泛，因此稻草产量也相对较大。稻草作为水稻收割后的副产品，具有一定的营养价值，但相对较低。稻草主要由纤维素、半纤维素和木质素等组成，这些成分难以被动物直接消化吸收。然而，稻草中含有一定量的蛋白质、矿物质和维生素，可以作为动物饲料的补充，其粗纤维含量丰富，有助于促进动物的肠道蠕动和消化。另外，稻草中含有钙、钾、钠、镁、锌、锰、铜等多种矿物质，对动物的生长发育有重要作用。此外，稻草中还含有一定量的维生素，如维生素 A、维生素 D 等，对动物的健康有益。稻草饲料见图 11-7。

图 11-7　稻草饲料

（二）局限性

尽管稻草具有一定的营养价值，但在作为饲料利用时需要注意以下几点。稻草容易吸湿，应控制好含水率，以免影响消化吸收和储存。稻草可以编织成捆或割碎成粗料进行饲喂。割碎成粗料有利于动物的口感和消化，但需要根据动物的种类和年龄选择合适的割碎大小。由于稻草营养价值相对较低，不能单独作为饲料，应与其他饲料进行配合喂养，以满足动物的基本营养需求。稻草只是动物饲料之一，不能占据整个饲料比重。同时，需要根据不同阶段和不同生理状态，合理配制饲料，以保证营养均衡。

四、双低菜籽饼粕

（一）双低油菜生产基本情况

贵州是我国双低油菜主产区之一，油菜的常年种植面积约为 700 万亩左右，位列全国第五，是生产规模全国靠前的优势作物之一，产优质菜籽 80.5 万 t，在现代工业条件下加工，可得约 50 万 t 的优质菜籽饼粕。菜籽饼粕的营养丰富、全面，粗蛋白含量可达 35%～45%，氨基酸组成接近联合国粮农组织（FAO）和世界卫生组织（WHO）的推荐值，是优良的天然植物蛋白饲料资源。贵州近年来大力推广双低油菜种植，通过引进优质品种、优化种植技术、加强田间管理等措施，有效提高了双低油菜的产量。

根据贵州农业农村厅发布的相关数据，以及各市（州）农业农村部门的统计数据，贵州双低油菜的产量仍然保持持续增长。贵州在双低油菜种植过程中，注重优质品种的筛选和推广。通过农科企联动，加快了主导品种的推广与更新换代，重点推广甘蓝型“两高双低”（高产量高含油量、低芥酸低硫苷）优良品种。这些优质品种不仅提高了双低油菜的产量，还改善了油菜籽的品质，使得油菜籽的出油率、蛋白质含量等指标均有所提升。

（二）双低菜籽饼粕的饲料化利用情况

低菜籽饼粕是指油菜籽芥酸、硫甙含量很低的优质杂交油菜品种经过加工后得到的饼粕。双低菜籽饼粕具有高蛋白、低毒素的特点，其蛋白质含量高达36%以上，且富含动物所必需的赖氨酸、色氨酸、蛋氨酸和胱氨酸等营养成分。与大豆饼粕相比，双低菜籽饼粕的蛋氨酸加上胱氨酸的含量更优。此外，双低菜籽饼粕还含有丰富的微量元素，如钙、硒、铁、镁、锰、锌等，其中钙、硒、铁、锰、锌的含量比豆粕高，磷含量是豆粕的2倍。这些营养成分使得双低菜籽饼粕成为一种优质的饲料蛋白源。贵州省作为我国油菜种植的重要区域之一，双低油菜的种植面积和产量都在不断增加。随着双低油菜品种的推广和种植技术的提高，贵州省双低菜籽饼粕的产量也在逐年增长。在饲料化利用方面，贵州省的畜牧业已经逐渐认识到双低菜籽饼粕的营养价值和饲料化利用优势。越来越多的畜牧企业和养殖户开始尝试使用双低菜籽饼粕作为饲料原料，以替代部分大豆饼粕等高价蛋白原料。同时，贵州省的科研机构和高校也在积极开展双低菜籽饼粕的饲料化利用研究。他们通过优化加工工艺、提高营养价值、降低抗营养因子含量等手段，不断提高双低菜籽饼粕在饲料中的利用率和饲养效果。

五、食用菌菌渣

（一）贵州食用菌生产情况

近年来，贵州食用菌的种植面积持续扩大。以2024年为例，黔南州食用菌种植面积稳定在4.15万亩，这一数字体现了贵州在食用菌产业上的投入和决心。随着种植面积的扩大，贵州食用菌的产量和产值也在不断提升。2024 年，黔南州预计食用菌产量将达到 17 万 t，预计产值可达 19.5 亿元。同时，根据贵州 2024 年上半年经济运行情况，食用菌产量比上年同期增长 9.3%，显示出强劲的增长势头。贵州食用菌种质资源有 268 种，野生种类占全国 80% 以上，是红托竹荪、冬荪、松乳菇、牛肝菌、羊肚菌、灵芝等珍稀食药用菌的产地。贵州已形成黔西南、黔西北、黔东三大产业集聚区，这些区域以产业集群为引领，优势区域为重点，龙头企业为骨干，中小主体为支撑，形成了良好的产业发展格局。贵州在食用菌产业上注重全产业链的发展，从菌种研发、菌棒生产、种植、采摘、分拣、加工到销售，各个环节都紧密相连，形成了完整的产业链。

（二）食用菌菌渣及其营养价值

贵州作为中国西南地区的重要农业大省，近年来在食用菌产业上取得了显著的发展。随着食用菌产业的不断壮大，菌渣的产生量也随之增加。菌渣是食用菌栽培过程中产生的废弃物，主要由农作物秸秆、牧草等原料经过食用菌生长后的残留物组成。在贵州，这些菌渣通常来源于香菇、金针菇、杏鲍菇、白灵菇等多种食用菌的栽培过程。

贵州的食用菌产量高，菌渣的产生量也相对较大。这些菌渣不仅含有丰富的营养元素，如蛋白质、纤维素和氨基酸等，还具有较高的利用价值。研究发现不同品种食用菌，以及不同制作方式产生的菌渣，其自身营养成分存在较大的不同，研究数据显示，食用菌菌渣的蛋白质含量维持在 3.92%～9.52%，粗脂肪含量在 0.98%～5.48%，粗纤维含量在 2.82%～10.63% 不等，粗灰分保持在 1.18%～29.41%，中性洗涤纤维为 23.13%～74.53%，酸性洗涤纤维为 18.69%～50.94%，钙含量在 0.63%～1.71%，磷含量为 0.04%～2.32%，在养殖应用时，需要养殖者充分了解各类菌渣的营养价值情况，以确保菌渣饲料化利用时符合家畜所需营养标准。

（三）菌渣的饲料化利用

菌渣富含有丰富的营养成分，如蛋白质、纤维素、氨基酸和微量元素等。这些成分使得菌渣具有作为饲料的潜力。通过适当的加工处理，菌渣中的营养成分可以被动物有效利用，从而替代部分传统饲料，降低饲养成本。将无霉变、无虫害的菌渣晒干、粉碎后，可以作为配料直接添加到动物饲料中。但需要注意的是，直接利用的菌渣可能含有较高的粗纤维和某些抗营养因子，需要控制添加量以避免影响动物的消化吸收。通过微生物发酵技术，可以将菌渣中的粗纤维软化、降解黄曲霉毒素等有害物质，并提高营养成分的转化力。发酵后的菌渣不仅口感更好，更易被动物消化吸收，而且含有丰富的益生菌和酶类，有助于增强动物的免疫力和消化功能。除了直接利用和发酵处理外，还可以将菌渣进行其他形式的处理，如青贮、氨化等，以提高其饲料价值。

第四节 贵州饲草种植技术

贵州山区以其独特的喀斯特地貌和复杂的地形地势，呈现出山地多、平地少的显著特征。这种地理环境在一定程度上限制了传统农业的大规模机械化发展，但却为畜牧业的发展提供了广阔的天然牧场资源。据相关统计数据表明，贵州拥有草地面积达 282.45 万亩，饲用植物种类繁多，超过 1 800 余种，这一丰富的饲用植物资源在全国范围内位居第 3。近年来，随着贵州山区经济的不断发展以及人们生活水平的日益提高，对肉类、奶类等畜产品的需求呈现出持续增长的态势。大力发展饲草种植技术，提高人工饲草的产量和质量，成为保障贵州山区畜牧业可持续发展的关键因素。牛场周边牧草种植情况见图 11-8。

图 11-8　牛场周边牧草种植

一、适宜饲草品种选择依据

（一）气候适应性考量

贵州山区气候复杂多样，立体气候特征明显，对饲草品种的选择有着重要影响。在高海拔地区，气候寒冷，气温较低，因此需要选择耐寒性强的饲草品种。多年生黑麦草便是一种较为理想的选择，它能在低温环境下保持较好的生长态势，其抗寒能力使其在贵州高海拔山区的冬季也能存活并持续生长，为家畜提供稳定的饲草供应。鸭茅同样具有较强的耐寒性，且对光照要求相对较低，能适应高海拔地区的气候和光照条件，在这些区域广泛种植。

在低海拔地区，气温较高，热量充足，但夏季可能面临高温干旱的挑战。此时，皇竹草、甜象草等喜温、耐热且耐旱性强的饲草品种成为首选。皇竹草原产于热带和亚热带地区，对高温环境适应良好，在贵州低海拔地区生长迅速，产量极高。它的根系发达，能深入土壤吸收水分，具有较强的耐旱能力，即使在相对干旱的季节也能保持较好的生长状况。甜象草也具有类似的特性，在低海拔地区的高温环境下，能快速分蘖生长，为畜牧业提供丰富的饲草资源。

贵州山区降水分布不均，部分地区可能存在季节性干旱或湿润的情况。对于干旱地区，应选择耐旱性强的饲草品种，如紫花苜蓿、沙打旺等。紫花苜蓿根系发达，能深入土壤深处吸收水分，其叶片具有较小的气孔和较厚的角质层，可有效减少水分蒸发，从而适应干旱环境。沙打旺同样具有良好的耐旱性能，在干旱条件下仍能保持一定的生长和产草量。而在湿润地区，像白三叶等耐湿性较强的饲草品种则更为适宜。白三叶喜温暖湿润气候，其根系具有较强的耐水性，能在土壤湿度较高的环境中正常生长，且能在果园、林下等湿润且光照相对不足的地方良好生长。

（二）土壤条件适配性

贵州山区土壤类型丰富多样，主要包括黄壤、红壤、石灰土等，不同土壤类型的肥力、酸碱度和质地差异显著，这直接影响着饲草品种的选择。黄壤是贵州山区广泛分布的土壤类型之一，其质地黏重，透气性和透水性相对较差，但保肥能力较强。在黄壤地区，适合种植对土壤透气性要求不高、耐肥力较强的饲草品种。高丹草对土壤肥力要求较高，且能适应一定程度的土壤黏重，在黄壤上种植能充分利用土壤中的养分，生长迅速，产量较高。紫云英也是一种适合在黄壤上种植的饲草，它具有较强的耐酸能力，能在黄壤的酸性环境中生长良好，并且紫云英的根瘤菌具有固氮作用，可提高土壤肥力，改善土壤结构。

红壤在贵州山区也有一定分布，其酸性较强，土壤肥力相对较低。对于红壤地区，应选择耐酸性强且能适应贫瘠土壤的饲草品种。百喜草具有较强的耐酸、耐瘠薄能力，在红壤上能良好生长，其根系发达，能有效保持水土，同时为家畜提供饲草。狗牙根也是一种适应红壤环境的优良饲草，它对土壤要求不严格，在酸性、贫瘠的红壤中能快速蔓延生长，形成致密的草皮，不仅可作为饲草，还能起到防止水土流失的作用。

石灰土是贵州山区特有的土壤类型，其土壤偏碱性，富含碳酸钙。在石灰土地区，紫花苜蓿是较为适宜的饲草品种之一。紫花苜蓿喜欢中性至微碱性的土壤环境，在石灰土中能充分发挥其生长优势，生长旺盛，产量和品质都较高。此外，草木樨也适合在石灰土上种植，它对碱性土壤有较好的适应性，且具有较强的固氮能力，能提高石灰土的肥力，促进自身及其他植物的生长。

除了土壤类型，土壤肥力也是影响饲草品种选择的重要因素。对于土壤肥力较高的地块，可以选择一些高产、对养分需求较大的饲草品种，如青贮玉米、墨西哥玉米草等。青贮玉米植株高大，生长迅速，需要充足的养分供应才能实现高产，在肥沃的土壤中种植能充分发挥其增产潜力。墨西哥玉米草同样对土壤肥力要求较高，在肥力充足的土壤上，其分蘖能力强，叶片宽大，产草量高。而在土壤肥力较低的地块，则应选择一些耐瘠薄的饲草品种，如箭筈豌豆、小冠花等。箭筈豌豆具有较强的适应能力，能在贫瘠的土壤中生长，通过自身的固氮作用，可在一定程度上改善土壤肥力。小冠花也是一种耐瘠薄的饲草，它能在较差的土壤条件下生长，且具有良好的护坡和保持水土的作用。

二、土地整理与播种技术

（一）土地改良方法

对于酸性较强的土壤，如黔东南地区的部分红壤，可施加石灰来调节土壤酸碱度。一般每亩施加石灰 50～100 kg，能有效降低土壤酸性，提高土壤的 pH 值，为饲草生长创造适宜的土壤环境。同时，石灰还能增加土壤中的钙元素含量，改善土壤结构，增强土壤的保肥保水能力。为提高土壤肥力，可添加有机肥、生物菌肥等。有机肥来源广泛，如畜禽粪便、绿肥、堆肥等，这些有机肥富含氮、磷、钾等多种营养元素，能够为饲草提供持续的养分供应。在遵义市的一些饲草种植基地，将经过腐熟处理的牛粪、羊粪等畜禽粪便作为有机肥施入土壤，每亩施用量为 2～3 t，有效提高了土壤的肥力水平。生物菌肥则含有大量有益微生物，能够改善土壤微生物群落结构，促进土壤中养分的转化和释放，增强土壤的生物活性。在黔南地区的部分试验田，施用生物菌肥后，土壤中有益微生物数量明显增加，土壤肥力得到显著提升，饲草产量和品质也有了明显改善。

（二）播种时间与方式选择

不同饲草品种的最佳播种时间因自身生长习性和贵州山区的气候特点而异。多年生黑麦草适宜在秋季播种，一般在 9—10 月进行。此时贵州山区气温逐渐降低，气候凉爽，且土壤墒情较好，有利于多年生黑麦草种子的发芽和幼苗的生长。在安顺市的一些地区，秋季播种的多年生黑麦草，发芽率可达 85% 以上，幼苗生长健壮，能够安全越冬，为来年的生长打下良好基础。

紫花苜蓿的播种时间则较为灵活，春播和秋播均可。春播一般在 3—4 月，当土壤温度稳定在 5 ℃以上时进行。此时土壤解冻，墒情较好，有利于种子发芽。秋播则在 8—9 月，此时气温适宜，杂草生长相对缓慢，紫花苜蓿幼苗在入冬前有足够的时间生长，增强其抗寒能力。在六盘水的部分区域，春播紫花苜蓿可充分利用春季的雨水和光照资源，快速生长；而秋播的紫花苜蓿则能避开夏季高温和病虫害的高发期，幼苗生长更为整齐。

皇竹草主要采用无性繁殖，以种节扦插的方式进行种植，最佳种植时间在春季的3—5月。此时气温回升，地温逐渐升高，有利于种节生根发芽。在铜仁的一些地方，春季种植的皇竹草，种节成活率可达90%以上，且生长迅速，当年即可获得较高的产量。播种方式的选择应根据地形、土壤条件和饲草品种的特性来确定。在地势较为平坦的区域，条播是一种常用的方式。条播时，行距一般控制在15～30 cm，将种子均匀地播撒在播种沟内，然后覆盖一层薄土。这种方式便于田间管理，如施肥、除草、灌溉等，同时有利于通风透光，促进饲草的生长。对于一些植株高大、生长迅速的饲草品种，如青贮玉米，采用条播方式可保证植株有足够的生长空间，提高产量。

撒播则适用于一些较为细碎的种子，如白三叶等。在撒播前，先将种子与适量的细沙或细土混合均匀，然后均匀地撒在整理好的土地上，再用耙子轻轻耙平，使种子与土壤充分接触。撒播操作简单，但需要注意播种的均匀性，以确保出苗整齐。在一些山坡地或面积较大的地块，撒播可提高播种效率，但后期田间管理相对较为困难。

穴播主要用于一些大粒种子或需要精量播种的饲草品种，如墨西哥玉米草。按照一定的株行距进行挖穴，每个穴内播种2～3粒种子，然后覆盖适量的土壤。穴播能够保证种子有足够的生长空间和养分供应，有利于培育壮苗。在一些土地资源有限或对饲草产量和质量要求较高的地区，穴播可有效提高土地利用率和饲草的产量。

（三）播种量与深度控制

合理控制播种量是确保饲草出苗整齐、生长良好的重要因素。播种量的确定需要综合考虑饲草品种、种子质量、土壤肥力、种植目的等多方面因素。一般来说，多年生黑麦草的播种量为每亩1～1.5 kg。若种子发芽率较高、土壤肥力较好，且种植目的主要是为了收获鲜草，播种量可适当减少；反之，若种子发芽率较低、土壤肥力较差，或希望获得较高的干草产量，播种量则可适当增加。

紫花苜蓿的播种量为每亩0.7～1 kg。在土壤肥力较高、灌溉条件良好的地块，播种量可控制在每亩 0.7 kg 左右；而在土壤肥力较低、干旱地区，为保证出苗率和产量，播种量可适当提高至每亩 1 kg。

青贮玉米的播种量相对较大，一般为每亩 2～3 kg。由于青贮玉米植株高大，需要保证足够的种植密度，以获得较高的生物产量。在一些肥沃的土壤上，且采用机械化种植时，播种量可控制在每亩 2 kg 左右；在土壤肥力一般或采用人工种植时，为确保出苗整齐，播种量可适当增加至每亩 3 kg。

播种深度对饲草出苗也有着重要影响。不同饲草品种的种子大小和发芽特性不同，其适宜的播种深度也有所差异。一般来说，小粒种子如白三叶、红三叶等，播种深度宜浅，一般为 1～2 cm。过深会导致种子缺氧，影响发芽出苗；过浅则容易使种子失水，同样不利于发芽。在播种这些小粒种子时，要确保土壤墒情良好，覆盖的土壤要细碎、疏松，以保证种子能够顺利发芽出土。中粒种子如多年生黑麦草、紫花苜蓿等，播种深度一般为 2～3 cm。这个深度既能保证种子接触到足够的土壤水分和养分，又能使其在适宜的温度和氧气条件下发芽生长。在实际播种过程中，要根据土壤质地和墒情进行适当调整。在土壤质地较疏松、墒情较好的情况下，播种深度可适当浅一些；而在土壤质地较黏重、墒情较差的情况下，播种深度可适当增加。大粒种子如青贮玉米、墨西哥玉米草等，播种深度一般为 3～5 cm。这些种子发芽时需要较多的水分和养分，较深的播种深度能够满足其生长需求。在播种大粒种子时，要注意覆土的厚度和紧实度，覆土过厚或过紧会影响种子的出苗速度和质量，覆土过薄则可能导致种子裸露，影响发芽。

三、田间管理与养护技术

（一）施肥技术要点

饲草种植过程中，施肥是确保饲草高产优质的关键环节，需依据饲草不同生长阶段的营养需求精准把控施肥种类、时间与用量。在饲草的幼苗期，根系尚在发育阶段，吸收能力较弱，此时应以氮肥为主，适量搭配磷、钾肥，以促进幼苗根系和茎叶的生长。对于多年生黑麦草幼苗，可在出苗后15～20 d，每亩追施尿素5～8 kg，同时配合过磷酸钙3～5 kg、硫酸钾2～3 kg，以促进幼苗快速生长，增强其抗逆性。施肥时，应将肥料均匀撒施在幼苗周围，避免肥料直接接触幼苗根系，以免造成烧苗现象。

当饲草进入快速生长期，对养分的需求大幅增加，此时需保证氮、磷、钾等多种养分的均衡供应。以皇竹草为例，在其快速生长期，每月需进行一次追肥，每次每亩施入复合肥15～20 kg，其中氮、磷、钾的比例可控制在2∶1∶1左右。复合肥能够提供多种养分，满足皇竹草在快速生长期对养分的全面需求，促进其茎叶的旺盛生长，提高产量。施肥后，应及时进行灌溉，以促进肥料的溶解和吸收，提高肥料利用率。

在饲草的孕穗期和开花期，对磷、钾肥的需求显著增加，适量增施磷、钾肥有助于提高饲草的结实率和种子质量。对于紫花苜蓿，在孕穗期和开花期，可每亩喷施0.2%～0.3%的磷酸二氢钾溶液50～60 kg，每隔7～10 d喷施一次，连续喷施2～3次。磷酸二氢钾能够促进紫花苜蓿的花芽分化和开花结实，提高种子产量和质量。同时，还可根据土壤肥力状况和饲草生长情况，适量补充硼、锌等微量元素肥料，以满足饲草对微量元素的需求，提高其抗逆性和品质。

除了上述不同生长阶段的施肥管理外，还应重视基肥的施用。在播种前，结合土地翻耕，每亩施入充分腐熟的有机肥2～3 t，如猪粪、牛粪、羊粪等。有机肥不仅能够为饲草生长提供长效的养分支持，还能改善土壤结构，增加土壤透气性和保水保肥能力，为饲草生长创造良好的土壤环境。在施用有机肥时，应确保其充分腐熟，避免未腐熟的有机肥在土壤中发酵产生热量，对种子和幼苗造成伤害。

（二）病虫害防治策略

病虫害的侵袭严重威胁饲草的产量和质量，山区饲草种植中，需综合运用物理、生物、化学等多种防治方法，确保饲草健康生长。物理防治方法具有简单、环保的特点，可在一定程度上有效控制病虫害的发生。利用太阳能杀虫灯诱杀鳞翅目、鞘翅目等害虫是一种常见的物理防治手段。在饲草种植区域，每隔 30～50 m 安装一盏太阳能杀虫灯，每天日落时开启，日出时关闭。太阳能杀虫灯能够利用害虫的趋光性，将害虫吸引到灯周围，通过电击或其他方式将其杀死。这种方法不仅能够减少害虫的数量，降低害虫对饲草的危害，还能减少化学农药的使用，保护环境。

设置防虫网也是一种有效的物理防治措施。在种植紫花苜蓿等易受虫害的饲草时，可在种植区域周围设置防虫网，防止害虫飞入。防虫网的孔径应根据主要害虫的大小进行选择，一般以 0.5～1 mm 为宜。防虫网能够有效阻挡害虫的入侵，减少害虫对紫花苜蓿的取食和产卵，从而降低虫害的发生概率。

生物防治方法利用自然界中的有益生物或其代谢产物来控制病虫害，具有安全、环保、可持续的优点。在贵州山区，可通过释放害虫的天敌来控制害虫数量。对于蚜虫等害虫，可释放七星瓢虫进行防治。在发现蚜虫为害时，按照每亩 1 000～1 500 头的数量释放七星瓢虫。七星瓢虫能够捕食蚜虫，有效控制蚜虫的种群数量，减少对饲草的危害。

利用生物制剂进行病虫害防治也是一种重要的生物防治方法。例如，使用苏云金芽孢杆菌制剂防治鳞翅目害虫，如草地贪夜蛾等。苏云金芽孢杆菌能够产生对害虫有毒的晶体蛋白，害虫取食后会中毒死亡。在使用苏云金芽孢杆菌制剂时，应按照产品说明进行稀释和喷雾，一般在害虫低龄幼虫期进行防治，效果较好。

化学防治方法在病虫害严重发生时能够迅速控制病情，但应注意合理使用，避免农药残留和环境污染。在选择化学农药时，应优先选择高效、低毒、低残留的农药品种。在防治饲草锈病时，可选用三唑酮等杀菌剂。按照产品推荐剂量进行稀释，一般每亩使用 15% 三唑酮可湿性粉剂 100～150 g，兑水 50～60 kg 进行喷雾。喷雾时应选择无风或微风的天气，确保农药均匀覆盖在饲草叶片上，提高防治效果。

在使用化学农药时，要严格按照农药使用说明进行操作，控制用药剂量和安全间隔期。避免在饲草收获前短期内使用农药，防止农药残留超标。同时，要注意轮换使用不同作用机制的农药，以延缓害虫和病原菌对农药的抗性产生。

四、技术创新与应用趋势

（一）生物技术在饲草种植中的应用

生物技术在贵州山区饲草种植领域展现出广阔的应用前景。基因改良技术能够通过对饲草基因的精准编辑与改造，显著提升饲草的品质与产量。科学家们可以运用基因编辑技术，如CRISPR/Cas9系统，对饲草的特定基因进行修饰，增强其对贵州山区复杂环境的适应性。通过导入抗旱、耐盐碱等相关基因，使饲草能够在干旱、土壤盐碱化等恶劣条件下茁壮成长，从而有效扩大种植范围。还能通过基因改良提高饲草的营养价值，增加蛋白质、维生素等营养成分的含量，为家畜提供更为优质的饲料。

组织培养技术在饲草种植中的应用也将为产业发展带来新的机遇。利用植物细胞的全能性，在无菌条件下对饲草的组织或细胞进行培养，可以实现优良品种的快速繁殖。对于一些珍稀或具有特殊优良性状的饲草品种，通过组织培养技术能够在短时间内获得大量的种苗，加快品种的推广速度。组织培养技术还可用于脱毒苗的培育，有效去除病毒对饲草生长的影响，提高饲草的产量和质量。在贵州山区的一些科研机构和种苗繁育基地，已经开始尝试利用组织培养技术进行紫花苜蓿、多年生黑麦草等优质饲草的种苗生产，取得了良好的效果。

生物技术在病虫害防治方面也具有重要作用。通过生物技术手段，可以研发出更加环保、高效的生物农药和生物防治方法。利用微生物发酵技术生产的苏云金芽孢杆菌等生物农药，能够特异性地防治鳞翅目等害虫，对环境友好，且不易产生农药残留。还可以利用生物技术培育具有抗病虫害能力的转基因饲草品种，减少病虫害对饲草的危害，降低化学农药的使用量，保护生态环境。

（二）智能化种植管理技术发展

随着科技的不断进步，智能化种植管理技术在贵州山区饲草种植中的应用将日益广泛。无人机监测技术能够实现对饲草种植区域的全方位、实时监测。通过搭载高清摄像头、多光谱传感器等设备，无人机可以快速获取饲草的生长状况、病虫害发生情况、土壤墒情等信息。利用多光谱传感器可以分析饲草的叶绿素含量，判断其生长是否正常，是否缺乏养分；通过高清摄像头可以及时发现病虫害的发生区域和严重程度。这些信息能够为种植户提供科学决策依据，使其能够及时采取相应的管理措施，如精准施肥、病虫害防治等，提高种植管理效率和效果。

智能化施肥设备能够根据饲草的生长阶段和营养需求，精准调配肥料配方，并进行自动施肥。利用传感器技术实时监测土壤养分含量和饲草的生长状况，通过数据分析和智能算法，计算出饲草所需的肥料种类和用量，然后控制施肥设备进行精准施肥。这种智能化施肥方式能够提高肥料利用率，减少肥料浪费和环境污染，同时降低人工施肥的劳动强度。

第十二章 肉牛疾病防治技术

第一节 肉牛养殖防疫技术

在肉牛养殖场的防疫管理中，应当遵循“重在预防”的核心理念，从牛场的地理位置选择、设施建设到肉牛的饲养流程与管理细节，全面筑起阻止疫病侵入与蔓延的防线。构建严密的兽医卫生防疫体系，推行“自给自足式繁育”策略，以有效阻断外部疫病的传入途径。同时，强化肉牛的科学饲养策略与合理生产规划，旨在提升牛群的内在抗病力。务必落实计划免疫程序，确保定期且系统地实施预防接种。针对关键疫病，建立疫情监控机制，并依照“早发现、快行动、严控制、小范围”的应对原则，迅速识别并即刻处理任何动物传染病案例，通过实施一系列严格且综合的防控手段，快速遏制疫情，避免其进一步扩散。此外，肉牛养殖场不仅要严格进行疫病的监控与治疗，还需特别加大对肉牛健康维护工作的重视力度。综合考虑多个方面，包括防疫制度的建立、饲养管理、疫苗接种、消毒与隔离、驱虫与防蚊蝇、人员培训与健康管理以及疫情监测与报告等。通过实施这些措施，可以有效降低肉牛养殖场的疫病风险，提高肉牛的健康水平和生产性能。

一、建立防疫制度

（一）明确防疫目标

防疫制度应明确其目标，即预防和控制肉牛养殖场的疫病发生和传播，保障肉牛健康和生产效益，同时确保食品安全和公共卫生。

（二）制订防疫计划

根据当地疫病流行情况和肉牛养殖场的实际情况，制订详细的疫苗接种计划，包括疫苗种类、接种时间、接种剂量等。制订定期消毒计划，包括消毒药品的选择、消毒方法、消毒频率等。根据肉牛的生长周期和寄生虫感染情况，制订定期驱虫计划。

（三）建立防疫记录

建立详细的防疫记录，包括疫苗接种记录、消毒记录、驱虫记录等。这些记录应详细记录每次防疫工作的执行情况，以便后续跟踪和评估防疫效果。

（四）加强饲养管理

确保饲料品质良好，无霉烂变质，同时根据肉牛的营养需求进行合理调配。保持牛舍清洁、卫生、干燥，定期进行消毒。同时，注意通风保温，为肉牛提供良好的生活环境。养殖人员应保持良好的个人卫生习惯，避免携带病原体进入养殖场。同时，定期对养殖人员进行防疫知识培训，提高他们的防疫意识和技能。

（五）疫情监测与报告

定期对肉牛进行疫情监测，包括观察肉牛的精神状态、食欲、粪便等，及时发现并处理异常情况。一旦发现疫情，应立即向当地兽医部门报告，并配合做好疫情处置工作。同时，对病死牛进行无害化处理，防止病原体扩散。

（六）完善隔离与封锁措施

一旦发现病牛，应立即进行隔离治疗，防止疾病传播。同时，对新引进的肉牛进行隔离观察，确保无疫病后再混群饲养。在疫情严重时，应采取封锁措施，限制肉牛和人员的流动，防止疫情扩散。

（七）建立防疫责任制度

明确养殖场负责人、兽医和养殖人员的防疫职责，确保防疫工作得到有效执行。同时，建立奖惩机制，对防疫工作表现突出的人员进行奖励，对违反防疫制度的人员进行处罚。

二、隔离管理

（一）引种隔离

养殖场应尽量坚持“自繁自养”制度，如需对外引种，则需做好相应的隔离工作。首先，根据养殖场的生产需求和牛群结构，制订合理的引种计划，明确引种数量、品种、性别、年龄等要求。选择信誉良好、无疫病记录的种牛场作为引种来源，确保引进的肉牛健康、遗传性能优良。跨省引进种牛时，需了解并遵守相关动物防疫法律法规和检疫要求，办理必要的审批手续。在引种前，向当地动物卫生监督机构申报检疫，并按照要求提供相关资料和证明。确保引进的肉牛持有有效的《动物检疫合格证明》和《动物和产品运输工具消毒证明》。选择专业的运输公司，确保运输过程中肉牛的安全和舒适。运输车辆应经过消毒处理，并配备必要的防疫设备。

引进的肉牛进入养殖场后，需设立专门的隔离舍，确保隔离舍与养殖区相对独立，防止交叉感染。隔离舍内应配备必要的饲养设备和防疫物资。

引进肉牛应在隔离舍内单独饲养，不能与场内其他肉牛混养。隔离期一般为30～45 d，其间应密切观察肉牛的健康状况。在隔离期间，按照养殖场免疫程序对引进的肉牛进行疫苗接种，提高其免疫力。根据原场提供的饲料配方和饲养手册，逐渐添加本场饲料，实现饲料过渡，避免肉牛因饲料变化而产生应激反应。

隔离期满后，经检疫部门确认无疫病发生的肉牛，方可转入养殖区饲养。同时建立完善的引种隔离记录，包括引种日期、数量、品种、隔离期、健康状况等信息，以备查阅。

（二）病牛或者疑似病牛隔离

如果养殖场发现患病牛只或者疑似患病牛只，则需要进行立即隔离处理。并且禁止肉牛、饲料、养肉牛的用具在场内和场外流动，禁止其他畜牧场、饲料间的工作人员的来往以及场外人员来肉牛场参观。

1. 对于确诊病牛

在确保全面消毒的前提下，针对表现出明显症状的肉牛，须将其从原先地点隔离，并安排至偏远且便于消毒的区域进行单独或集中饲养。此过程应由专人负责，强化其护理、监测及治疗措施，同时，严禁该饲养人员涉足健康肉牛所处的圈舍。为确保防疫措施的有效执行，所有使用工具需固定管理，并加大对饲养场所及器具的消毒力度。在出入口设置消毒池，所有进出人员必须经过严格消毒程序后，方可获准进入隔离区。此外，肉牛的粪便需实施无害化处理，同时，严格限制其他无关人员及动物接近隔离区。若经细致排查确认，疫情仅波及极少数肉牛，为快速控制疫情并优化资源配置，可考虑对染病肉牛实施扑杀处理。

2. 对于疑似病牛

即曾与传染源或其受污染的环境（例如共享群体、笼舍或运动场地等）有紧密接触，却未显现出明显症状的肉牛，可能正处于疾病的潜伏期，并潜藏着排放病菌或毒素的风险。针对这些疑似患病的肉牛，首先需对其使用过的所有器具进行严格消毒处理，随后将它们转移至另一地点进行单独饲养。在此期间，应立即实施紧急疫苗接种及药物治疗方案，同时，缩减其活动范围，并在日常中加强对其健康状况的细致观察。

3. 假定健康牛只

对于那些无任何异常症状、表现完全正常的肉牛，须将其与上述提及的两类肉牛实施分隔饲养，并立即着手进行紧急预防接种作业。与此同时，加大消毒力度，并进行周密观察，一旦发现病牛，须即刻开展消毒与隔离措施。此外，针对受污染的饲料、垫料、器具、牛舍及粪便等，均须执行严格的消毒流程；对于病死牛体，应妥善处理；同时，加强杀虫、灭鼠及蚊蝇防控工作。在整个封锁期内，严禁任何物品进出养殖场，以确保防疫工作的有效实施。

（三）人员及物品隔离

1. 外出人员隔离

在养殖场外部或远离生产区的位置设立专门的隔离区域，用于外来进出人员的临时隔离。该区域应具备良好的通风条件，并保持清洁卫生。隔离区域内应配备洗消池、消毒剂、防护服、鞋套等必要的防疫设施，以及必要的生活设施，如床铺、桌椅、卫生间等。外来进出人员进入养殖场前，须进行信息登记，包括姓名、身份证号、联系方式、健康状况等，并核实其近期行踪轨迹。根据疫情防控需要，外来进出人员需在隔离区域内进行一定期限的隔离观察，一般为 14 d。在隔离期间，人员不得随意离开隔离区域，并需每日进行体温检测和健康监测。隔离期间，外来进出人员需穿戴防护服、口罩、手套等防护用具，减少与外界的接触。同时，应保持良好的个人卫生习惯，如勤洗手、不随地吐痰等。

2. 物品隔离

在养殖场外部或远离生产区的位置设立专门的外来物品接收区，用于接收和隔离外来物品。该区域应具备足够的空间和设施，以便对物品进行储存、检查和消毒。对进入养殖场的外来物品进行详细登记，包括物品名称、来源、数量、接收时间等信息。对物品进行外观检查，确保没有破损、污染或异常情况。根据物品的性质和防疫要求，选择合适的消毒剂和方法对物品进行消毒处理。对于可以清洗的物品，应先用清水清洗，再使用消毒剂消毒；对于不能清洗的物品，则直接使用消毒剂喷洒或擦拭。储存时根据物品的性质和用途，将其分类隔离，避免不同类别物品之间的交叉污染。同时对隔离和储存的物品进行标识管理，明确其来源、用途和状态，以便进行追踪和追溯。

三、消毒管理

（一）养殖场消毒方法

规模化肉牛养殖场的常见消毒方法主要包括物理消毒法、化学消毒法和生物消毒法。规模化肉牛养殖场的消毒工作是一项综合性的任务，需要综合运用物理、化学和生物等多种消毒方法。通过科学的消毒措施，可以有效降低牛群患病的风险，提高养殖效益。

1. 物理消毒法

物理消毒法主要包括机械性清扫与冲洗，通过清扫、冲洗等手段清除病原体，保持良好的通风，有助于减少空气中的病原体浓度。或者利用阳光、紫外线、高温等方法将病原微生物有效灭活。

2. 化学消毒法

养殖场化学消毒法是利用化学药物杀灭或抑制病原微生物的一种有效方法。选择能够杀灭多种病原体的消毒剂，以确保消毒效果。消毒剂的有效浓度和作用时间应达到杀灭病原体的要求。并且选择的消毒剂应对人体、动物和环境相对安全，无残留或残留量低。此外，消毒剂在储存和使用过程中应保持稳定，不易分解或失效。

3. 生物消毒法

生物消毒主要利用某些生物及其产生的物质来杀灭或清除病原微生物，同时降低使用环境的 pH 值，使环境变得不适宜有害微生物生存，从而达到消毒的目的。主要是利用嗜热细菌在繁殖过程中产生的 70℃以上的高温，经过 1～2 个月的发酵处理可以有效杀灭粪便中的病原微生物。值得注意的是，生物消毒法不适用于芽孢病原体引起的疾病动物的粪便，这类粪便应该进行焚烧或者深埋等无害化处理。

（二）常用消毒剂种类及其使用方法

1. 碱类消毒剂

（1）火碱（氢氧化钠）

常用浓度为2%～5%的溶液，即每100 kg水中加入25 kg氢氧化钠。将配制好的溶液均匀地喷洒或涂抹于需要消毒的表面，保持一定的接触时间（如10～30 min），然后用清水冲洗干净。需要注意氢氧化钠具有强腐蚀性，使用时需穿戴防护用品，避免与皮肤、眼睛直接接触。

（2）生石灰（氧化钙）

将1 kg氧化钙加水350 mL搅拌成糊状，然后均匀地涂刷或撒布于需要消毒的表面。需要注意氧化钙与水反应会放出大量热量，使用时需小心操作，避免烫伤。同时，氧化钙生成的氢氧化钙也有腐蚀性，需穿戴防护用品。

2. 卤素类消毒剂

（1）漂白粉

漂白粉主要成分为次氯酸钙、氯化钙和氢氧化钙的混合物。释放的次氯酸具有杀菌作用，广泛用于畜禽栏舍、场地、车辆、排泄物等的消毒，也可用于消毒玻璃器皿和非金属用具。其配制成的10%～20%的水溶液喷洒消毒，可以有效杀灭除虫卵以外的病原体，但由于氯的易挥发性，消毒效果不稳定。

（2）优氯净（二氯异氰尿酸钠）

优氯净主要成分为二氯异氰尿酸钠，含有效氯60%～64.5%，主要用于厩舍、排泄物和水的消毒。

3. 醛类消毒剂

福尔马林（40%的甲醛溶液）

福尔马林是一种广谱性的消毒剂，可以快速杀灭细菌、病毒、芽孢以及霉菌等病原微生物。适用于畜禽棚舍、仓库、实验室、接种箱等大空间的熏蒸消毒。将福尔马林与一定量的水和高锰酸钾混合，产生甲醛气体进行熏蒸消毒。一般每立方米空间用福尔马林 30～40 mL、高锰酸钾 15～20 g、水 15～20 mL，熏蒸 2～4 h 可起到良好的消毒效果。操作时，先将水倒入耐腐蚀的陶瓷或搪瓷容器内，然后加入高锰酸钾，搅拌均匀，再加入福尔马林。浓度为 2%～4% 的福尔马林溶液可以用于地面、墙壁和饲养器具的消毒。

4. 碘类消毒剂

（1）碘酊（碘酒）

用于完整皮肤消毒，如手术部位、注射和穿刺部位皮肤及新生儿脐带部位皮肤消毒，不适用于黏膜和敏感部位皮肤消毒。用无菌棉拭或无菌纱布蘸取碘酊，在消毒部位皮肤进行擦拭 2 遍以上，再用棉拭或无菌纱布蘸取 75% 医用乙醇擦拭脱碘。

作用时间一般为 1～3min。注意对碘过敏者禁用；长期大量涂抹碘酊可引起皮肤碘烧伤，导致脱皮。

（2）碘伏（聚维酮碘溶液）

适用于皮肤消毒、黏膜冲洗消毒和卫生手消毒。可有效杀灭细菌、真菌、病毒、杆菌（除芽孢以外）病原体，灭菌浓度为 5～10 mg/L。① 皮肤消毒。用无菌棉拭或无菌纱布蘸取碘伏，在消毒部位皮肤进行擦拭。用于完整皮肤消毒的有效成分含量为 2～10 g/L，作用时间为 15 min；用于破损皮肤消毒的有效成分含量为 250～1 000 mg/L，作用方式为擦拭或冲洗，作用时间为 15 min。② 黏膜消毒。用含有效碘 250～1 000 mg/L 的碘伏稀释液直接对消毒部位冲洗或擦拭。③ 卫生手消毒。取适量（约 2.0 mL）碘伏于掌心，双手互搓使其均匀涂布每个部位，揉搓消毒 1 min。

5. 酸类消毒剂

过氧乙酸为强氧化剂，过氧乙酸具有广谱杀菌作用，对细菌、病毒、真菌等多种微生物都有很好的杀灭效果。其腐蚀性强，有漂白作用，性质极不稳定，需要现用现配，在使用时需注意防护，避免对皮肤、黏膜造成腐蚀。浓度为 0.4%～1% 的过氧乙酸水溶液可用于环境喷雾消毒，作用时间一般在 1～2 h。也可以配制成 3%～5% 的溶液，用于屋舍的熏蒸消毒，使用剂量按照 1～3 g/m³。但需要注意加热时的温度控制，当过氧乙酸加热至 60 ℃时会引发爆炸。

6. 季铵盐类消毒剂

（1）百毒杀（双季铵盐）

对多种病原具有非常强的杀灭作用，且安全性较高，无腐蚀作用，多用于家畜圈舍、饲养器具和环境的消毒，使用浓度为 0.01%～0.03%；对饮水消毒时浓度为 0.005%～0.01%，作用时间可维持 10～14 d。

（2）苯扎溴铵

常用作消毒防腐药，广泛用于皮肤、黏膜、伤口、物品表面和室内环境消毒。通常情况下，使用浓度为 50～100 mg/L。不同消毒对象所需浓度不同。①皮肤及黏膜消毒。0.1% 溶液。②术前洗手。0.05%～0.1% 溶液浸泡 5 min。③手术器械消毒。置于 0.1% 的溶液中煮沸 15 min 后再浸泡 30 min。

（三）养殖场的消毒措施

规模化肉牛养殖场为确保肉牛的健康和养殖环境的卫生，需要采取一系列消毒措施。

1. 生产区入口消毒池

消毒池应设置在生产区入口的显眼位置，确保所有进入生产区的人员和车辆都必须经过消毒池。消毒池的长度、宽度和深度应根据实际情况确定，一般建议长度为 4～5 m，宽度与入口相同，深度以能淹没车轮或鞋底为宜，通常不小于 0.3 m。常用的消毒液有 2%～5% 的烧碱溶液（氢氧化钠）、5% 的来苏儿溶液、1%～2% 的戊二醛溶液等。这些消毒液具有广谱杀菌作用，能有效杀灭常见的病原微生物。消毒液的浓度应根据消毒对象和消毒环境进行选择。一般来说，浓度越高，杀菌效果越强，但对人员和环境的腐蚀性也越大。因此，应根据实际情况选择适当的浓度。消毒液应定期更换，以保持其有效浓度。更换频率应根据消毒池的使用情况、消毒液的浓度和消毒效果来确定。一般建议每周更换一次消毒液，并随时检查消毒液的浓度和颜色，确保其处于有效状态。

所有进入生产区的车辆必须经过消毒池。车辆应缓慢通过消毒池，确保车轮和车身充分接触消毒液。对于大型车辆或重载车辆，可能需要多次通过消毒池以确保消毒效果。

进入生产区的人员应先在消毒池外脱下鞋子或穿上专用的消毒靴鞋，然后经过消毒池。同时，人员的手部、衣物等也应进行消毒处理，如使用紫外线消毒灯或喷洒消毒液等。每次消毒后，应记录消毒时间、消毒液种类、浓度、更换情况等关键信息，以便后续跟踪和评估消毒效果。

2. 牛舍消毒

（1）牛舍地面和粪尿沟

可用 5%～10% 热碱水、3% 苛性钠（氢氧化钠）、3%～5% 来苏儿溶液等喷雾消毒。这些消毒剂具有广谱杀菌作用，能有效杀灭牛舍内的病原微生物。

（2）牛舍墙壁

可使用 20% 生石灰乳涂墙，或用 2%～3% 的烧碱水溶液进行喷洒消毒。

（3）牛舍周围环境

牛舍周围环境包括运动场，每周用 2% 火碱消毒或撒生石灰一次。同时，场周围及场内污水池、排粪坑和下水道出口，每月用漂白粉消毒 1 次。

3. 器具消毒

（1）饲养用具、牛栏、牛床等

可用 5%～10% 的热碱水、3% 的苛性钠溶液或 3%～5% 来苏儿洗涤消毒。消毒后 2～6 h，用清水冲洗饲养槽和牛床。

（2）其他工具

其他工具如兽医用具、助产用具、配种用具等，在使用前应进行彻底消毒和清洗。

4. 工作人员消毒

进入场区的人员须经消毒池消毒靴鞋；进入生产区的人员，先在消毒室内更衣洗澡，穿戴消毒过的工作服、帽和靴，经消毒池后进入生产区。工作人员在接触畜群、饲料等之前必须先洗手，可使用 0.05%～0.1% 的新洁尔灭水溶液。应注意工作人员在工作过程中应遵守卫生规范，避免交叉污染。

5. 带牛环境消毒

定期进行带牛环境消毒，有利于减少环境中的病原微生物。可用于带牛环境消毒的药物有：0.1% 的新洁尔灭、0.3% 的过氧乙酸、0.1% 次氯酸钠等。需要注意带牛环境消毒应避免消毒剂污染到饲料中，消毒过程中应确保肉牛的安全和健康。

6. 其他消毒措施

（1）阳光消毒

阳光是天然的消毒剂，其光谱中的紫外线有较强的杀菌能力，养殖场应充分利用阳光对牛舍和运动场进行照射消毒。

（2）焚烧和深埋

对于患传染病的病畜及其尸体，应由专人用严密的容器运出，投入专用的埋尸井内深埋或焚烧，焚烧和深埋是防止疫情扩散的有效措施。

（3）疫病期间的特殊消毒措施

在疫病期间，应强化各个环节的消毒工作。对生产区和畜舍的周围环境，每天清扫一次，并用 2% 烧碱水或 0.2% 次氯酸钠溶液喷洒消毒。用 0.2%～0.3% 过氧乙酸或 0.2% 次氯酸钠液在畜舍内带畜喷雾消毒，每天进行 1～2 次。

四、疫苗接种管理

（一）肉牛养殖场疫苗接种流程

1. 疫苗选择与采购

根据肉牛养殖场的实际情况和当地疫病流行情况，选择合适的疫苗。常见的肉牛疫苗包括牛口蹄疫疫苗、牛传染性鼻气管炎疫苗、牛巴氏杆菌病疫苗等。选择质量上乘、含量准确的疫苗，确保疫苗的有效性和安全性。疫苗应通过正规途径购买，并检查疫苗的生产批号、有效期等信息。

2. 疫苗接种计划

建立健全的疫苗接种计划，包括接种时间、接种剂量、接种方法等细节要求。计划应根据肉牛的生长阶段、当地气候、地理位置等因素来制定。严格按照疫苗接种计划执行，确保肉牛在合适的时机接受疫苗接种。同时，记录每次接种的详细信息，包括接种日期、疫苗种类、接种剂量等，以便后续管理和监测。

3. 疫苗接种操作

在接种前，对肉牛进行检疫和健康状况评估，确保肉牛处于健康状态。同时，准备好接种器具、手术器械等，并进行消毒处理。根据疫苗的种类和接种计划，选择合适的接种方法。常见的接种方法有皮下注射、肌内注射等。接种时，要严格按照疫苗说明书和操作规程执行，确保接种剂量准确、接种部位正确。接种后，要密切观察肉牛的反应情况。如出现疫苗过敏等异常情况，应及时采取措施进行处理。同时，加强饲养管理，提高肉牛的免疫力。

4. 疫苗储存与运输

疫苗应储存在干燥、阴凉、通风良好的地方，避免阳光直射和高温。同时，要定期检查疫苗的储存情况，确保疫苗处于有效期内。在运输疫苗时，要采取必要的保温、防潮等措施，确保疫苗在运输过程中不受损坏。同时，要遵循相关的运输规定和要求。

5. 监测与应急处置

定期进行肉牛健康检查和疫情监测工作，及时掌握肉牛的健康状况和流行病情况。一旦发现疫情或异常情况，应立即启动应急处置预案，采取隔离、消毒等措施，防止疫情扩散和蔓延。同时，及时向上级部门报告疫情情况，并配合相关部门进行处置工作。

（二）肉牛常见疫病免疫程序

肉牛常见疫病的免疫程序需要根据肉牛的生长阶段、当地疫病流行情况以及疫苗的种类和质量来制定。通过科学合理的免疫程序，可以有效预防和控制肉牛疫病的发生和传播，保障肉牛的健康和生产性能。肉牛常见疫病免疫接种程序见表 12-1。

表 12-1　肉牛常见疫病免疫接种程序

疫苗名称	用途	免疫时间	用法用量
牛气肿疽灭活疫苗	预防牛气肿疽；免疫期 6 年	犊牛 1～2 月龄和 6 月龄各免疫一次	颈部或肩胛部后缘皮下注射，每头 5 mL。生效期 14 d 左右
口蹄疫苗	预防牛口蹄疫；免疫期 6 个月	犊牛 4～5 月龄首免；以后每隔 4～5 个月免疫一次	皮下或肌内注射，犊牛每头 0.5 ～ 1 mL，成年牛每头 2 mL。生效期 14 d
牛出血性败血病氢氧化铝菌苗	预防牛出败；免疫期 9 个月	犊牛 4.5～5 月龄首免；以后每年春秋各一次	皮下或肌内注射，犊牛每头 4 mL，成年牛每头 6 mL。生效期 21 d
无毒炭疽芽孢苗	预防牛炭疽；免疫期 1 年	每年 5 月或 10 月全群免疫一次	皮下注射，成年牛每头 2 mL；犊牛每头 0.5 mL。生效期 14 d
传染性胸膜炎	预防传染性胸膜炎；免疫期 1 年	一年一次（3～4 月或 9～10 月）	臀部肌内注射，成年牛每头 2 mL，小牛每头 1 mL，生效期 21 ～ 28 d
气肿疽明矾沉淀菌苗	对近 3 ～ 5 年内曾发生过气肿疽的地区，免疫期 6 个月	小牛长到6个月时，加强免疫 1 次	大小牛一律皮下接种 5 mL，生效期 14 d

五、灭鼠与防蚊蝇

（一）定期灭鼠

鼠类在肉牛养殖场中是一种常见的害虫，它们不仅会啃食饲料和谷物，造成经济损失，还可能传播疾病，如炭疽、细菌性痢疾等，对肉牛的健康构成严重威胁。通过灭鼠，可以切断这些疾病的传播途径，保护肉牛免受疾病侵害，并保障饲料的完整性和安全性，提高饲料的利用率。养殖场常用的灭鼠方法包括物理灭鼠和化学灭鼠 2 种方法。

1. 物理灭鼠

（1）鼠夹

在牛舍的不同角落设置多个鼠夹，并定期检查并更换。使用鼠夹时，应注意安全，避免伤害到其他动物或工作人员。

（2）粘鼠板

将其放置在容易出现老鼠的地方，如墙角、饲料堆放处等。同样需要定期检查并更换，以确保其效果。

（3）封堵洞口

老鼠通常通过墙壁上的洞口进入牛舍，因此封堵洞口是一种防止老鼠入侵的重要方法。检查牛舍的各个墙壁和角落，封堵或修复任何可能的入口。

2. 化学灭鼠

使用老鼠药是通过阻断老鼠的消化道或神经系统来达到灭鼠的目的。但使用药物应当格外谨慎，必须遵循正确的用药剂量和方法，以防止对牛只和人员造成危害。同时，要做好标识和存放，防止误食。常用的灭鼠药有杀鼠灵（华法林）、杀鼠迷等药物，这类药物对人、畜和家禽毒性很小，维生素 K_1 为其有效解毒剂。

（二）防蚊虫蝇

蚊蝇是许多传染病的传播媒介，如口蹄疫、结膜炎、角膜炎、乳房炎等，这些疾病会对肉牛的健康和生产性能造成严重影响。通过防蚊蝇，可以切断这些疾病的传播途径，降低肉牛的发病率和死亡率。肉牛养殖场防蚊虫蝇可采取以下措施。

1. 环境整治

定期清理牛舍的粪便和垃圾，减少蚊蝇滋生的环境，保持牛舍及其周围环境的清洁和干燥，避免积水。同时检查牛舍和周围环境的漏洞和缝隙，及时修补，防止蚊虫蝇进入。

2. 物理隔离

在牛舍周围或窗户上安装细密的蚊帐或窗纱，有效阻挡蚊虫蝇的入侵。在牛舍内或附近安装灭蚊灯，利用光源吸引并杀灭蚊虫蝇。但需注意，灭蚊灯在室外使用时可能会吸引更多蚊虫聚集，建议主要在室内或牛舍附近使用。

3. 化学防治

使用低毒高效的驱蚊蝇药物，如蚊虻螨太保等，稀释后喷洒在牛舍内或肉牛体表。

但应注意药物的使用频率和剂量，避免过度使用导致环境污染和蚊蝇抗药性的产生。

喷洒药物时，要避开牛的食槽、水槽等用具，以免药物残留对牛只造成危害。

4. 生物及生态防蚊

在牛舍周围种植艾草、薄荷等具有驱蚊效果的植物，利用植物散发的特殊气味驱赶蚊虫蝇。也可以在牛的精料中添加维生素 B_1，维生素 B_1 经过牛体内代谢后会产生一种独特的气味，让蚊虫蝇不敢靠近。

5. 其他措施

使用烟熏太保或熏香等物品，在牛舍内点燃，产生的烟雾可以有效驱赶蚊虫蝇。

但需注意烟熏物品的选择和使用方法，避免对牛只造成危害。或者将牛粪收集后暴晒杀毒灭菌，傍晚时在圈舍内点燃牛粪，利用其散发的气味驱赶蚊虫蝇。

六、疫情监测

肉牛养殖场疫情监测的主要目的是及时发现、控制和消灭肉牛群中的传染病，保障肉牛群的健康和生产性能，同时防止疫病向人类或其他动物传播。

1. 监测方法

（1）观察法

饲养员和技术人员应随时观察肉牛群的精神状态、食欲、粪便等，发现异常情况及时向兽医或技术人员汇报。采用“三看”法，即平时看精神、喂饲看食欲、清扫看粪便，全面细致地观察肉牛群。

（2）测量统计法

对特定的肉牛品种或杂交组合，根据其饲养管理水平和生产水平进行测量统计，以评估其健康状况。

（3）剖检法

对病肉牛进行剖检，观察各器官组织有无病变或病变的种类、程度等，以了解肉牛病的种类及严重程度。

（4）屠宰厂检查

在屠宰厂检查屠宰肉牛各器官组织有无异常或病变，以了解有无某种传染病及其严重程度。

（5）抗原、抗体测定法

通过检查血清及其他体液中的抗体水平，了解肉牛的免疫状态。抗体水平的变化可以反映肉牛是否患病、是否接种疫苗以及疫苗的效果等。

2. 监测内容

（1）常规监测

包括肉牛群的日常健康状况、饲养管理情况和环境卫生状况等。

（2）特定疫病监测

针对肉牛常见的传染病，如口蹄疫、牛病毒性腹泻/黏膜病等，进行专项监测。根据疫病的流行特点，制订监测计划，采集样品进行检测。

（3）紧急监测

在发生重大动物疫情或疑似疫情时，立即启动紧急监测程序，对肉牛群进行全面排查和检测。

3. 监测频率

监测频率应根据肉牛场的规模、饲养管理情况、疫病流行特点等因素综合考虑。一般来说，常规监测应定期进行，如每周或每月一次；特定疫病监测应根据疫病的流行季节和风险评估结果进行调整；紧急监测则应在疫情发生时立即启动。

4. 监测结果处理

（1）数据记录与分析

对监测数据进行详细记录，并进行统计分析，以了解肉牛群的健康状况和疫病流行趋势。

（2）疫情报告与预警

发现异常情况或疑似疫情时，应立即向相关部门报告，并启动预警机制。

（3）疫情处置

根据疫情的性质和严重程度，采取相应的处置措施，如隔离、治疗、扑杀、无害化处理等。

5. 监测技术进展

近年来，随着物联网和人工智能技术的发展，肉牛疾病智能健康监测预警技术得到了广泛应用。该技术通过无线方式对肉牛进行 24 h 不间断的连续测温，实时监测肉牛健康状况，实现肉牛疾病早预警、早诊断、早处置。同时，该技术还可以对牛舍环境进行实时监测，为肉牛提供一个更加舒适、健康的生活环境。

第二节 贵州肉牛常见疾病的防治

贵州省肉牛养殖常见疾病防治有利于保障肉牛健康、提高养殖效益、确保牛肉质量与安全、促进肉牛养殖业的可持续发展、保障公共卫生安全以及推动区域经济发展等多个方面。因此，加强肉牛养殖常见疾病的防治工作对于贵州省肉牛养殖业的健康发展具有重要意义。

一、常见传染疾病防治

（一）口蹄疫

口蹄疫是由口蹄疫病毒引起的一种急性、热性、高度接触性传染病，世界动物卫生组织（WOAH）将此病列为 A 类动物疫病之首，我国将该病归为一类之首，是世界范围内重点防控的动物疫病。其特征是在偶蹄动物的口腔黏膜、蹄部及乳房上发生水泡和烂斑。该病常见于口腔及蹄部，因此叫口蹄疫。

1. 病原体

该病毒属于小核糖核酸病毒科的口蹄疫病毒属，口蹄疫病毒具有多型形、易变性等特点。根据病毒的血清学特点可分 7 个主型，即 A 型、O 型、C 型、南非 1、南非 2、南非 3 和亚洲 I 型。各型在发病症状方面没有什么显著不同，但各型之间抗原性不同，彼此之间不能交互免疫。每一个主型又分若干亚型，目前发现有 60 多个亚型。

（1）口蹄疫病毒的毒力

该病毒对动物的致病力很强，据资料介绍，1 g 新鲜的牛水泡皮捣碎稀释成 10 万 mL，吸取 1 mL 接种于牛体仍可引起发病。

（2）口蹄疫病毒的抵抗力

对外界环境的抵抗力很强，但怕光、怕热、怕酸、怕碱，不怕干燥、不怕寒冷（即四怕两不怕）；因此可根据其特点进行消毒，如高温、2% 的烧碱溶液、30% 的草木灰水，1% 的甲醛溶液等都是良好的消毒剂或消毒方法。

2. 流行病学

（1）传染源

病畜和潜伏期带毒动物是最危险的传染源。病毒主要存在于发病牛的水泡皮和水泡液中，在发热期的奶、尿、唾液、眼泪及粪便都含有病毒，甚至康复一年的动物仍可排毒。

（2）易感动物

口蹄疫病毒可侵害多种动物（30 多种），但主要是偶蹄动物，其中以奶牛、黄牛最易感，其次是水牛、牦牛、猪，再次是绵羊、山羊、骆驼及大象，野生动物也有发病，如黄羊、野牛、野猪、鹿等，狗、猫也可感染。通常幼畜较成年动物易感，症状更重。

（3）流行特点

①本病与其他传染病不同的是较易从一种动物传染到另一种动物，在同等饲养条件下，牛总是最先表现临床症状，然后是羊，羊的症状一般较轻，猪的排毒量远远超过牛，因此又有牛是“指示灯”、羊是“保持者”、猪是“放大器”之说。

②本病在不同的地区表现出不同的季节性，一般是秋季开始，冬季加剧，春季减轻，夏季平息。

③本病在自然条件下，常呈流行性或大流行性，或者呈跳跃型大流行性。

3. 发病机理

口蹄疫病毒经过消化道、呼吸道、破损皮肤、黏膜等途径进入动物机体，在局部组织生长繁殖出现原发性水泡，呈现病毒血症（在这以前是潜伏期，是 1～2 d，这一时期幼畜表现为胃肠炎心肌炎），病毒在口腔黏膜、蹄部皮肤、乳房生长繁殖，出现继发性水泡（这一时期是前驱期，体温升高、食欲减退、精神沉郁、流涎），水泡破溃，形成烂斑（症状明显期口腔、蹄、乳房的水泡逐渐破溃变成烂斑），最后溃疡愈合，逐渐恢复健康或症状加剧而死亡，但多数康复动物可带毒 1 年左右，因此该病潜在的危害性也很大。

4. 临床症状

由于易感动物不同，毒力不同、侵入方式不同，潜伏期和症状也不完全一样。牛的潜伏期平均 2～4 d，最长为 1 周左右。体温 40～41 ℃精神萎靡，食欲减退，流涎，1～2 d 后，在舌面、唇内面、齿龈和颊部黏膜发生蚕豆至核桃大的水泡，口温高，此时口角流涎增多，呈白色泡沫状，挂满嘴角，采食完全停止。水泡经昼夜破溃后形成浅表的边缘整齐的红色烂斑，常常是水泡破溃后体温降至正常，糜烂逐渐愈合；口腔变化的同时，在指（趾）间及蹄冠的皮肤表现为红、肿、痛并发生水泡，很快破溃，形成烂斑，结痂，愈合也较快，饲养管理不当则化脓、坏死，牛表现站立不稳，行走跛行，少数严重的甚至蹄匣脱落（猪更为常见）；乳房皮肤可出现水泡，很快破溃形成烂斑；泌乳量减少，甚至停止泌乳，纯种乳牛发病较重；哺乳犊牛发病时，水泡并不明显，主要表现为出血性肠炎和出血性心肌炎（虎斑心），致死率较高。

5. 诊断

本病临床症状比较特殊，一般可做初步诊断，要鉴别毒力和毒性则必须通过实验室诊断方法来确定。结合流行病学调查、临床症状等方面进行初步诊断；确诊则需要由当地兽医行政主管部门采取病畜舌面、水泡皮或水泡液等病料，置于 50% 的甘油生理盐水中加入双抗，送国家指定的参考实验室诊断。

鉴别诊断：应注意与牛瘟、牛黏膜病、牛恶性卡他热和传染性水疱病相区别。

6. 综合防治措施

为防止口蹄疫传播和扩散蔓延，依据《中华人民共和国动物防疫法》，按照国家有关口蹄疫防治技术规范、应急预案的规定，本着从严处置、分类指导的原则进行综合防治，结合前面所述平时防疫和发生传染病时采取的措施进行操作。

（二）布鲁氏菌病

本病是由布鲁氏菌引起的人、兽共患的一种慢性传染病。其特征主要是侵害生殖系统，妊娠母畜发生流产、公畜发生睾丸炎，人的发病症状与动物相似并伴有关节炎、波浪热等。布鲁氏菌可分为 6 种类型，我国流行的有牛型、羊型和猪型。

1. 病因

本病的传染源是病畜、带菌动物（包括野生动物）及患该病的人。最危险的传染源是受感染的妊娠母畜，其流产后的胎儿、阴道分泌物以及乳汁中都含有布鲁氏菌而污染环境。

2. 传播途径

本病的传播途径主要是消化道，其次是经皮肤感染，吸血昆虫可以传播本病，也可从呼吸道和交配而感染。

3. 临床症状

潜伏期一般 2 周至 6 个月。母牛最显著的症状是流产，通常发生在怀孕后的 5—7 个月。流产前一般体温不高，外阴和阴道黏膜潮红肿胀，流出淡褐色或黄红色黏液，乳房肿胀，继而流产；胎儿多为死胎，过半患牛发生胎衣停滞或子宫内膜炎，常继续排出污灰色或棕红色分泌液，有时恶臭，分泌物至 1～2 周后消失；有关节炎和跛行。牛的易感性是随其生长发育接近性成熟年龄而增高，疫区内大多数初产牛流产较多，再配种后则能正常分娩，但也有连续几胎流产的。性别对易感性并无显著差异，从发病情况看，公牛抵抗力一般高于母牛。

4. 诊断

平板凝集反应（或虎红平板凝集实验）初筛，试管凝集反应判定（或补体结合反应）。

5. 防治措施

应当着重体现“预防为主”的原则。牛群一年一次布鲁氏菌病的监测，对流产母牛和胎儿进行诊断性监测，一经发现，即应淘汰。流产胎儿及胎衣要无害化处理，不能随意丢弃，母牛生活及污染过的地方要严格消毒。消灭布鲁氏菌病的措施是定时检疫监测、引进畜时隔离检疫、控制传染源、切断传播途径、培养健康牛群及主动免疫接种。本病流行地区，定期检疫监测和疫苗免疫接种是预防和控制本病的最有效措施。消毒药液可用3%石炭酸、3%来苏儿及3%克辽林等。

二、肉牛常见寄生虫病防治

在自然界中，两种生物在一起生活的现象很普遍，是生物长期进化过程中逐渐形成的，他们相互依赖，彼此受益，称之为共生；而当一方受益，另一方受害，受益的动物性生物就称为寄生虫；寄生虫病的感染与流行必须具备的3个基本环节：感染来源、感染途径和易感动物，切断其中任何一个环节，就可以从根本上防止寄生虫病的发生与流行。

感染来源通常是指寄生有某种寄生虫的病畜，带虫宿主等为主，病原体（虫体、幼虫、虫卵）通过粪便、尿液、痰液、血液及其他排泄物、分泌物不断排出体外，污染环境而致。

寄生虫感染途径是指从感染来源感染给易感动物，途径如下。①经口感染；②经皮肤感染；③经动物感染（如昆虫等）；④接触感染；⑤胎盘感染；⑥自身感染等。

易感动物通常是指一种动物只对一定种类的寄生虫有易感性，如猪只感染猪蛔虫而不感染马蛔虫，但也有多种动物对同一种寄生虫有易感性，如人、马、牛、羊均可感染日本血吸虫。动物对寄生虫的易感性常受年龄、品种、体质的影响。

1. 寄生虫病的诊断要领

寄生虫病的诊断和其他疾病一样，应根据患畜临床症状的收集和分析，因此，寄生虫病的诊断应着重于流行病学材料的调查研究和通过实验诊断的手段，查出虫卵、幼虫或虫体等以建立生前诊断。必要时辅以尸体剖检，建立死后诊断。寄生虫病常用临床诊断及实验室诊断有多种方法，下面仅介绍粪便检查法，有以下几种。

（1）虫体检查

将粪便加清水搅拌，弃去上层液体，反复多次，直到上层液体清澈为止，用沉淀物置于玻璃器皿内，先后分别在白色和深色背景下，用肉眼及放大镜检查虫体，做好记录。

（2）虫卵检查法

有直接涂片法和集卵法 2 种方法。

2. 寄生虫病的治疗（驱虫）原则

家畜寄生虫病确诊后，应根据病情和病畜的体质制订治疗方案。采取特效药物驱虫和对症治疗相结合的原则。因为寄生虫病患畜体质往往较虚弱，所以在治疗时必须考虑患畜的全身情况和对药物的耐受程度。

3. 寄生虫病的预防原则

预防寄生虫病是关系到人畜健康和养殖效益的一件大事。首要的是贯彻“预防为主、防重于治”的方针。在制订相关措施时，要紧紧抓住造成寄生虫病流行的 3 个基本环节。

（1）控制和消灭传染源

一方面要及时治疗病畜，驱除杀灭其体内和体表的寄生虫，同时防止治疗过程中扩散病原。另一方面要根据寄生虫的生长发育变化的规律，有计划地进行定期的预防性驱虫，某些蠕虫可根据流行病学材料，选择虫体进入宿主体内还没有发育到成虫阶段的时机及时驱虫，这样既可以减轻动物体的损伤，又能防止外界环境的污染。对某些寄生虫病应当查明带虫动物，采取治疗、隔离检疫等措施，防止病原的散布。此外，对那些保虫宿主、贮藏宿主也要采取有效的防治措施。

（2）切断传播途径

家畜通常是在圈舍、牧地生活，由于采食、互相接触或经吸血昆虫的叮咬而感染各种寄生虫病。为了减少或消除感染的机会，要注重搞好圈舍及环境卫生，特别注意妥善处理粪便（如高温堆肥等就是最简单有效地杀灭其中虫卵、虫体的最常用方法），杀虫灭鼠，保护水源，改良牧地和圈舍环境。那些需要中间宿主的寄生虫，要设法避免终末宿主与中间宿主接触、消灭中间宿主及破坏中间宿主滋生地。如预防日本血吸虫病，要避免在有钉螺的水网草滩放牧，开展灭螺的活动。

（3）保护易感动物

搞好日常的饲养管理，增强家畜的体质，提高它们的抗病能力，这是预防工作的重要任务。对于某些寄生虫病可在必要时采用杀虫药物，动物定期驱虫，对于一些寄生虫虫苗，可通过人工接种产生免疫力而达到免疫预防的目的。

4. 寄生虫病的治疗（驱虫）原则

家畜寄生虫病确诊后，应根据病情和病畜的体质制订治疗方案。采取特效药物驱虫和对症治疗相结合的原则。因为寄生虫病患畜体质较虚弱，所以在治疗时必须考虑患畜的全身情况和对药物的耐受程度。

选择驱虫药物时，要从高效、低毒、低残留、广谱、价廉以及使用方便考虑。也可以将 2 种或 2 种以上的驱虫药联合使用，从而扩大驱虫效果和范围。但严禁使用国家明令禁止且毒性大、残留期长的药物。

治疗过程中还应当对病畜加强护理和观察，给予足够的恢复时间。在治疗前后，最好先进行寄生虫检查鉴定，以判断用药种类和驱虫效果。使用驱虫药物要求剂量准确，投药后的一定时间内要注意观察病情，及时解救出现严重副作用的病畜。使用驱虫药时，事先要禁饲，但要提供充足饮水，并且要让病畜停留在指定场所，以便及时收集排出的粪便和虫体，及时清除并无害化处理，以防止病原散布。在进行大规模驱虫工作之前，必须先进行小群试验，取得经验并肯定药效和安全性得以验证之后，再开展同样的驱虫工作。

三、常见疾病预防与治疗

（一）感冒

1. 临床表现

牛只感冒多发生于春冬两季，贵州气候变化较大，养殖户未能根据温度及时调整养殖环境，导致多发流行性感冒。突然受到冷空气侵袭、雨雪浇淋、役牛过度使役等也容易引起感冒。有时候，牛的感冒呈现高度的接触传染性，多由空气传播引起；呈现群体性发病，则可能是由病毒引起的流行性感冒。病牛可见精神沉郁，食欲不振，多数体温升高（牛的正常体温是37.5～39.5 ℃，不同生长阶段的牛略有差异。一般地，犊牛38.5～39.5 ℃，青年牛38～39.5 ℃，成年牛38～39 ℃属于正常。当病牛体温升高1 ℃以内时，称微热；升高2 ℃以内时称中热；升高2 ℃以上则为高热），脉搏、呼吸加快。发病初期，病牛鼻孔中流出浆液性鼻液；随着病情发展，鼻液变得黄色黏稠，鼻黏膜肿胀；其他可视黏膜肿胀、潮红。皮温不整，四肢末端、耳尖冷凉。咳嗽，胸部听诊，肺泡音明显增强。

2. 防治方法

内服阿司匹林，犊牛2～5 g，成年牛10～25 g，肌内注射。也可用氨基比林注射液，犊牛20 mL，成年牛30～40 mL，肌内注射。高热病牛，用量可酌情加大。止咳祛痰咳嗽严重者，可用氯化铵15～20 g、远志酊30～40 mL、复方甘草合剂50～100 mL混合，加水300～500 mL，摇匀，分3～5次内服，犊牛每次50～100 mL，成年牛每次100～200 mL。同时，使用0.1%高锰酸钾溶液擦洗鼻孔。对抗感染使用抗生素，防止继发感染。如，注射用青霉素钠1.3万～1.4万U/kg体重，注射用水50～100 mL稀释，每日肌内注射2次，连用3～5 d。

（二）前胃弛缓

由多种原因导致牛前胃兴奋性降低、收缩力减弱，瘤胃内容物运转缓慢，正常菌群紊乱，产生大量腐败分解的有毒物质，引起消化和全身机能障碍的一种疾病。在很多疾病发病过程中，都可出现前胃弛缓的症状。除此之外，饲料单一、质量低劣，霉败变质；维生素或矿物质缺乏；饲养管理不当等可引起原发性前胃弛缓。其他消化系统疾病如瘤胃积食、瘤胃酸中毒、创伤性网胃炎、瓣胃阻塞、真胃变位等疾病，一些营养代谢病如骨软症、生产瘫痪、酮病等，某些中毒病、传染病、寄生虫病、外科病以及临床治疗时用药不当，都可以引起前胃弛缓。

1. 临床表现

急性前胃弛缓主要表现食欲减退甚至消失，反刍减少甚至停滞，瘤胃蠕动音减弱，次数减少。瘤胃充满内容物，坚硬，粪便干硬或下痢，色暗且被覆黏液。重症病例可出现酸中毒和脱水。病牛鼻镜干燥，眼球下陷，可视黏膜发绀，反刍、食欲废绝，呼吸、脉搏加快，精神沉郁。慢性前胃弛缓的症状时轻时重，病程长，食欲不振或不食，有异嗜现象，常空口磨牙。触诊，瘤胃内容物松软或干硬，排粪干稀交替，色暗有恶臭。病牛逐渐消瘦、贫血、被毛粗乱，之后卧地不起，体温下降。后期伴发瓣胃阻塞，精神高度沉郁，鼻镜龟裂，全身衰竭，脱水并自体中毒后死亡。

2. 防治方法

（1）及时对原发病进行有效治疗

加强饲养管理，给予容易消化的优质青干草。兴奋瘤胃运动功能可用毛果芸香碱 0.05～0.15 g，或新斯的明 0.02～0.06 g，或氨甲酰胆碱 1～2 mg，皮下注射，2～3 h 重复注射一次。排出瘤胃内容物，促进反刍内服硫酸镁（或碳酸钠）300～500 g、石蜡油（或植物油）1 000 mL、鱼石脂 10～20 g 及温水 600～1 000 mL。也可用稀盐酸 15～30 mL、酒精 60 mL、煤酚皂液 10～20 mL，加水 500 mL 内服。用 10% 氯化钠 300 mL、5% 氯化钠 100 mL、10% 安钠咖 20～30 mL，静脉注射，连用 1～2 次。同时皮下注射硝酸士的宁 0.015～0.03 g。

（2）健胃助消化疾病恢复期可内服健胃剂

番木鳖粉 1 g、干姜粉 10 g、龙胆粉 10 g，混匀，加水 500 mL，内服。也可用龙胆粉、干姜粉、碳酸氢钠各 200 g，番木鳖粉 16 g，充分混合，分成 8 份。每次内服 1 份，2 次 / d。

（三）瘤胃积食

因一时多食了大量难消化、易膨胀的精料（如豆谷、豆饼、玉米、小麦等）而致病会出现病牛食欲减退，反刍、嗳气停滞，瘤胃蠕动音减弱，腹部左中下部膨大，触诊如面团样；左肷部鼓起，叩诊呈鼓音。腹痛、腹泻，往往在粪便中见到未消化的完整豆谷粒。随着病情发展，病牛因酸中毒而表现走路蹒跚，甚至卧地不起。疾病后期，视物不清，狂躁不安，横冲直撞，严重者嗜睡不醒，最终因脱水、酸中毒而死亡。

1. 临床表现

牛只左侧腹部隆起，走路蹒跚，重者表现出狂躁、嗜睡，无法站立，最终因为酸中毒而死。

2. 防治方法

排出瘤胃内容物，用药方法同前胃弛缓，然后用胃管向瘤胃内灌入 5 000～8 000 mL 温水，然后导出，如此反复进行，直至将瘤胃内容物基本导出为止。但对体质较弱的牛、呼吸困难的牛不宜使用本法。如果牛大量偷食精料后被及时发现，可紧急进行手术，切开瘤胃，掏出偷食的全部或至少 2/3 的精料，放入少量青干草，并接种健康牛瘤胃液。用手掌在牛的左肷部反复按摩，每次 10 min，30 min 按摩 1 次。同时用温水 3 000 mL，冲泡 500 g 酵母粉，灌服。1 次/d，连用 1～2 d。除此之外还需要补充水液，中和酸中毒。用 5% 葡萄糖氯化钠注射液或复方氯化钠注射液 8 000～10 000 mL，分 2～3 次静脉滴注。同时可加入 10% 安钠咖 20～30 mL、10% 维生素 C 注射液 30 mL，1 次/d，连用 3 d；或者使用碳酸氢钠 100～200 g，加水 1 000 mL，灌服；或用 5% 碳酸氢钠注射液 500～1 000 mL，静脉注射。1 次/d，连用 3 d。对表现神经症状比较明显的病牛，可用水合氯醛酒精注射液 100～200 mL，或水合氯醛硫酸镁注射液 100～150 mL，缓慢静脉注射。1 次/d，神经症状消失后停用。

（四）病毒性腹泻

肉牛病毒性腹泻（黏膜病）是由牛病毒性腹泻病毒（BVDV）引起的一种传染病。不同年龄的牛均可感染，多发于幼龄牛；病畜是主要传染源，其脾脏、血液、排泄物以及分泌物中均带毒，健康牛食用了被病毒污染的饲料或水源而致病；本病一年四季都能发生，常见于冬季和初春时节。

1. 临床表现

根据病程的长短，可以分为慢性和急性两种。慢性黏膜病在整个发展期内，伴随有间歇性腹泻，排泄物中可以发现未消化完全的草料，肉牛因为营养吸收不良，而日渐消瘦，严重情况者可能会因为四肢无力，而行走困难。急性黏膜病的腹泻现象更为严重，初期排泄物为水样粪液，有臭味，后期排泄物中发现血丝，部分病牛有体温升高的症状。对病死牛进行剖检，可以发现胃、肠、脾等脏器均有不同程度的黏膜出血，淋巴结肿大，消化道黏膜有轻度或中度糜烂。

2. 防治措施

中医治疗可以选择党参 25 g，黄芪 25 g，白术 15 g，甘草 20 g，当归 15 g，白芍 15 g，柴胡 15 g，陈皮 15 g，诃子 10 g，用法用量：水煎后 1 次灌服，应用于犊牛效果较好。西医治疗可以使用林可霉素进行肌内注射，每天 1 次，每次 1 支，共使用 1 次。另外，无论采取何种治疗方法，在发现肉牛患黏膜病后，都要第一时间补充电解质和水。病牛的排泄物要坚持做到每日清理，并对牛舍进行彻底消毒，防止排泄物中的病毒继续感染其他肉牛。

第十三章 肉牛养殖产业化与经营管理

第一节 贵州肉牛产业发展概况

一、贵州肉牛产业发展布局情况

贵州全省肉牛产业整体呈现出“小规模、大群体”发展形势，主要以农户散养（年出栏 1～9 头）为主，出栏比重占全省总量的 65% 以上。同时，形成了以关岭、威宁、思南、播州等 39 个存栏 5 万头以上肉牛养殖大县（区）为支撑（饲养量约占全省 76%）的空间布局。从市（州）级地区分布（表 13-1）来看，2022 年毕节市、遵义市及铜仁市肉牛存栏、出栏数量及牛肉产量较多，分别为 107.76 万头、36.60 万头、4.91 万 t；87.14 万头、29.62 万头、4.03 万 t；67.08 万头、29.23 万头、3.04 万 t；贵阳市较少，为 12.14 万头、3.91 万头、0.53 万 t。贵州 2022 年各市（州）肉牛存出栏及牛肉产量详见表 13-1。

表 13-1　贵州 2022 年各市（州）肉牛存出栏及牛肉产量

地区	存栏（万头）	出栏（万头）	产量（万 t）
贵阳市	12.14	3.91	0.53
遵义市	87.14	29.62	4.03
六盘水市	29.61	9.62	1.27

续表

地区	存栏（万头）	出栏（万头）	产量（万 t）
安顺市	43.41	14.12	1.89
毕节市	107.76	36.60	4.91
铜仁市	67.08	29.23	3.04
黔南州	59.74	18.57	2.45
黔西南州	47.19	20.40	2.55
黔东南州	39.14	17.08	2.17

数据来源：贵州省各市（州）统计年鉴。

从调研的县（市、区）分布（表 13-2）来看，2023 年县级地区肉牛养殖存栏量最大的是威宁县，存栏量为 40.61 万头；其次是关岭县，存栏量为 16.36 万头；第三位是凤冈县，存栏量为 16.20 万头。

表 13-2　贵州 2023 年各县（市、区）肉牛存出栏及牛肉产量

地区	存栏（万头）	出栏（万头）	产量（万 t）
关岭县	16.36	5.62	0.77
大方县	10.11	3.07	—
册亨县	2.87	1.46	—
紫云县	8.07	3.52	0.46
印江县	8.06	3.33	0.44
德江县	14.42	5.66	0.73
松桃县	5.00	3.67	0.41
思南县	14.38	4.21	0.53
沿河县	15.17	5.18	0.66
凤冈县	16.20	4.05	—
务川县	4.27	1.82	—
黔西市	15.8	5.74	—
威宁县	40.61	11.63	1.56
纳雍县	10.58	3.48	0.47
六枝特区	11.30	4.44	—

续表

地区	存栏（万头）	出栏（万头）	产量（万 t）
盘州市	11.31	3.52	—
义龙新区	5.51	2.33	—

数据来源：各县（市、区）农业农村局数据。

二、贵州肉牛全产业链各环节发展现状

（一）饲草饲料环节

1. 饲草种植现状

根据第三次全国国土调查数据显示，贵州现有草地 18.83 万 hm^2（282.45 万亩），其中天然牧草地 1.21 万 hm^2，人工牧草地 0.13 万 hm^2，其他草地 17.49 万 hm^2；饲草种植品种以青贮玉米、皇竹草、紫花苜蓿、白三叶、黑麦草、鸭茅等为主。据《贵州省 2023 年草原监测报告》，贵州天然草地牧草生长期长，每年可放牧利用 3～5 次。2023 年，全省天然草原鲜草产量单位面积一次性产草量为 9 030 kg/hm^2，考虑到贵州天然草地再生率，天然草原鲜草产量 13 545 kg/hm^2（每亩 903 kg），折合干草产量 4 515 kg/hm^2（每亩 301 kg）。根据目前贵州牧草生产力计算，贵州全年草地鲜草产量为 765.16 万～1 275.26 万 t，折合干草产量为 255.05 万～425.09 万 t。按《天然草地合理载畜量的计算》（NY/T 635—2015），以 1 个牛单位折合 5 个羊单位，每个羊单位日采食量 1.8 kg 饲草料干物质的方式测算，2022 年贵州肉牛产业全年需饲草料干物质 1 616.88 万 t，按照贵州常见的饲料精粗比 1∶3 计算，饲草（干草）年均需求量为 1 212.66 万 t。对比目前贵州草原生产力，还存在很大缺口。调研了解到，铜仁市饲草料外购率达 30%（特别是大中型场），安顺市干草基本依靠外调，从北方运输到当地，每吨运费在 600 元以上，到场价在 1 100～1 200 元/t，运费和干草价格差不多各占一半，饲草成本高。

2. 特色资源饲料化

贵州作为农业大省，每年产出农作物秸秆总量约 1 100 万 t；作为酱香酒大省，按“5 斤粮食出 1 斤酒”测算，酒糟年产量在 200 万 t 以上；作为刺梨大省，年均可产生刺梨渣 1.5 万 t。通过农作物秸秆、酒糟、刺梨渣等特色资源饲料化利用，有效弥补了贵州肉牛产业传统饲草料的不足。威宁县实施“藏牛于民”分户养殖模式，现有肉牛经营主体达 10.8 万个，其中 10 头以下养殖户占 96.7%，该群体利用房前屋后、草山草坡及农作物秸秆养牛，饲草料自给率达 98%；黔西市在规模养殖场推广使用营养价值更高的茅台曲草代替稻草等干草饲料，结合酒糟和本地青贮饲料改良饲喂配方，通过该技术黄牛集团黔西公司繁殖母牛平均饲喂成本 15 元/d 以内，各类育肥牛全程平均饲喂成本 12 元/d 以内。

（二）屠宰与精深加工环节

1. 肉牛屠宰基本情况

贵州省现有畜禽定点屠宰企业 176 家，其中生猪定点屠宰企业 154 家（设立牛羊屠宰车间 35 个），专营牛羊定点屠宰企业 10 家；有年屠宰产能 1 万头以上肉牛定点屠宰企业 5 家。全省有 48 个县（市、区、特区）暂未设置牛羊定点屠宰企业，大部分肉牛养殖户以销售活牛为主。2022 年，贵州省屠宰肉牛 20 万头，仅占全省肉牛出栏量 173.91 万头的 11.50%。同时，大部分屠宰场屠宰量不足设计产能。贵州黄牛产业集团大方县食品有限责任公司肉牛定点屠宰场建有年屠宰肉牛 7 万头的产能生产线，建成运营以来，2022 年肉牛屠宰量仅在 4 000 头左右，2023 年屠宰量降至 2 864 头，不足设计产能的 5%，仅占 2023 年全县肉牛出栏量的 9.3%。关岭县、六枝特区也存在同样的情况。肉牛屠宰分割见图 13-1。

图 13-1　肉牛屠宰分割

2. 肉牛精深加工企业情况

肉牛精深加工环节是贵州肉牛全产业链发展的一个短板。目前，贵州肉牛精深加工企业数量不多且水平不高。调研了解到，铜仁市现培育牛羊肉加工企业15家，其中可运营牛羊定点屠宰场有3家（年屠宰能力4万头，产值不足4亿元），深加工企业中有市级龙头企业2家，最大牛肉干年生产产值不足1亿元，年产值进入2 000万元以上的5家；遵义市凤冈县现有牛肉加工企业6家，开发成品牛肉干、卤制品、泡制品、预制品、休闲食品、牛肉包子等产品和牛排、牛肉串、牛肉卷、牛肉丸等半成品共计30余个，2023年已加工牛肉65.44 t；安顺市关岭县牛肉加工企业2家，分别是关岭牛投资（集团）有限责任公司和贵州省苗阿爹食品有限公司，以预制菜和休闲食品销售为主；六枝特区坤盛食业有限公司建成的年屠宰2万头牛羊屠宰加工生产线、冷藏库等。

（三）营销与品牌建设环节

1. 发展模式基本情况

贵州省构建了龙头企业、合作社、家庭农场和农户多方共赢的产业体系，坚持“小规模，大群体”的发展路径，积极推广“分户饲养、集中育肥、培育品牌、统一营销”的发展模式，发挥贵州黄牛产业集团等龙头企业引领作用，搭建“六方合作”金融信贷模式，强化龙头企业与规模养殖户利益联结，探索形成了具有地区特色的肉牛产业发展模式。贵州黄牛产业集团黔西市有限责任公司积极探索“1+N+N”（即：1个贵州黄牛产业集团黔西公司+N个合作社+N个养殖户）的“龙头企业＋合作社＋农户”产业组织模式，利用“自营＋联营”方式，积极推广“9+1”育肥养殖模式和“1+1”母牛养殖模式；册亨县创新“基金会＋合作社＋农户”发展模式，探索推广香港小母牛基金会“礼品金传递”养殖；关岭县探索形成“牛腿子”代替“车轮子”的分类饲养分区轮牧的养殖模式等。

2.“三品一标”基本情况

贵州拥有丰富的品种资源和不可复制的特色农产品，本地牛肉以氨基酸含量高、肉质鲜美而闻名。“贵州黄牛”入选全省 10 强农产品区域公用品牌。目前，全省通过绿色、有机产品认证牛企业 26 家，关岭牛、思南黄牛、桐梓黄牛、安龙黄牛、黄平黄牛等 5 个产品通过国家地理标志保护产品认定，占全国与肉牛相关农产品地理标志的 8%，注册“关岭皇牛”“鳛滋味”等各类商标 78 个，黄果树“三碗粉”、南山婆红烧牛肉杂粮面、苗姑娘牌牛羊肉粉 3 家企业产品入选 2023 年全省“十大”黔味预制菜名单，但大部分地方品牌影响力弱。铜仁市扶持培育创建了“赵氏牛肉”“鼎牛”“跑山牛”等 11 个肉牛品牌，在铜仁市还有一定影响力，但走出铜仁，社会知名度和认可度均较低，产品的品牌价值不高，优质优价的目标难实现。

第二节　肉牛养殖经营管理

一、经营预算

肉牛养殖场经营预算是确保养殖场稳健运营的重要环节，涵盖了多个方面的成本与预期收益。

（一）固定成本

1. 场地费用

（1）牛舍建设

包括牛舍设计、材料采购、施工费用等。根据养殖规模的不同，牛舍建设的费用也会有较大差异。一般来说，建设一座能够容纳数百头肉牛的牛舍，费用可能在数十万元至数百万元不等。

（2）土地租赁或购买

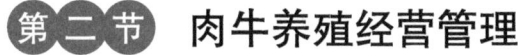

如果养殖场需要租赁或购买土地，这也是一项重要的固定成本。费用

取决于土地的位置、面积和租赁/购买期限。

2. 设备费用

（1）养殖设备

如饲料加工设备、饮水设备、通风设备、温控设备等，这些设备的购置和安装费用也是一笔不小的开支。

（2）防疫设备

如消毒设备、兽医器械等，用于保障肉牛的健康和安全。

3. 人员工资

养殖场需要聘请饲养员、兽医、清洁工等工作人员，他们的工资是固定成本的一部分。工资水平取决于当地的劳动力市场和养殖场的规模。

（二）变动成本

1. 饲料成本

饲料是肉牛养殖的主要成本之一。饲料成本取决于肉牛的品种、生长阶段、饲养标准以及饲料的市场价格。一般来说，育肥牛每天的饲料费用可能在几元至十几元不等。

2. 防疫与医疗成本

包括疫苗购置、疾病治疗、药物费用等。这些费用会根据肉牛的健康状况和疾病发生率而有所不同。

3. 水电费用

养殖场需要消耗大量的水电资源，如照明、通风、饮水、饲料加工等。这些费用通常与养殖场的规模和运营效率有关。

4. 其他费用

包括运输费用（如购买肉牛、销售牛肉时的运输成本）、维修费用（设备维护、牛舍修缮等）、杂费（如办公用品、通信费用等）。

（三）预期收益

1. 牛肉销售收入

牛肉的销售收入是养殖场的主要收入来源。收入水平取决于牛肉的市场价格、养殖场的销售能力和销售策略。

2. 副产品收入

如牛粪、牛尿等可以作为有机肥料或生物质能源出售，增加养殖场的额外收入。

（四）预算制订与调整

1. 制订预算

根据养殖场的实际情况和市场需求，制订详细的经营预算。预算应涵盖所有固定成本和变动成本，并考虑预期收益。

2. 调整预算

在实际运营过程中，可能会遇到各种不可预见的情况，如饲料价格上涨、疾病暴发等。这时需要根据实际情况对预算进行调整，以确保养殖场的稳健运营。

（五）注意事项

1. 成本控制

在保证肉牛健康生长的前提下，尽量降低饲料、医疗等变动成本。可以通过优化饲料配方、提高饲料利用率、加强疾病防控等方式实现。

2. 提高销售能力

加强市场营销，提高养殖场的知名度和影响力。可以通过建立稳定的销售渠道、加强品牌建设等方式提高销售能力。

3. 风险管理

关注市场动态和政策变化，及时调整养殖策略。同时，要建立健全的风险管理机制，以应对可能出现的风险和挑战。

二、生产计划制订

（一）市场分析

1. 市场需求

分析当前市场对牛肉的需求量，包括本地市场、外地市场以及出口市场。随着人民生活水平的提高，对高蛋白、低脂肪的牛肉需求日益增加，这是制订生产计划的重要参考。

2. 市场竞争

了解区域内其他肉牛养殖场的规模、品种、产量以及销售渠道，评估自身在市场中的竞争地位。

3. 市场前景

根据市场趋势和政策导向，预测未来一段时间内牛肉市场的走向，为长期生产计划提供依据。

（二）养殖场资源评估

1. 场地条件

评估养殖场的土地面积、地形地貌、水源条件以及交通便利程度，确保能够满足肉牛养殖的需求。

2. 设施设备

检查牛舍、饲料加工设备、饮水设施、消毒设施等是否完善，并计划必要的更新或扩建。

3. 人力资源

评估养殖场的劳动力数量和质量，确保有足够的员工来执行生产计划。

（三）生产计划制订

1. 养殖规模

根据市场需求、资源条件以及资金状况，确定养殖场的肉牛存栏量和出栏量。

2. 品种选择

选择适应当地气候、饲料条件且市场需求量大的肉牛品种，如本地牛与西门塔尔牛、夏洛莱牛等杂交牛。

3. 饲料计划

制订饲料的采购、储存、加工和投喂计划，确保肉牛能够获得营养均衡的饲料。

4. 繁殖计划

制订母牛的配种、妊娠、分娩和犊牛培育计划，确保繁殖效率和犊牛成活率。

5. 育肥计划

根据肉牛的生长发育阶段，制订科学的育肥计划，包括饲料配比、投喂量、运动管理等。

6. 疾病防治计划

制订肉牛的疾病预防和治疗计划，包括疫苗接种、驱虫、消毒等措施，确保肉牛健康生长。

（四）财务管理

1. 资金预算

根据生产计划，编制详细的资金预算，包括饲料采购、设施设备更新、员工工资、疾病防治等费用。

2. 成本控制

通过优化饲料配比、提高饲料利用率、降低疾病发生率等措施，降低生产成本。

3. 销售收入预测

根据市场需求和肉牛价格，预测销售收入，为生产计划的执行提供经济支持。

（五）风险管理

1. 市场风险

关注市场动态，及时调整生产计划，避免市场波动对养殖场造成不利影响。

2. 疾病风险

加强疾病防治工作，提高肉牛抗病能力，降低疾病发生率。

3. 自然灾害风险

制订自然灾害应急预案，确保在自然灾害发生时能够及时应对，减少损失。

（六）执行与监督

1. 计划执行

按照生产计划的要求，组织员工有序开展工作，确保各项计划得到落实。

2. 监督与评估

定期对生产计划的执行情况进行监督和评估，发现问题及时整改，确保生产计划能够顺利实现。

三、智慧养殖管理

（一）技术和设备

在贵州山区肉牛养殖领域，部分先进养殖场已积极引入智慧养殖技术与设备，开启了肉牛养殖的智能化变革。智能监测设备的应用为精准养殖提供了有力支持。在一些养殖场，每头肉牛都佩戴有智能耳标，这些耳标犹如肉牛的“智能身份证”，内置高精度传感器，能够实时采集肉牛的体温、心率、运动量等关键生理数据。通过无线传输技术，这些数据被实时上传至养殖管理系统，养殖人员可通过手机、电脑等终端随时查看。当肉牛的体温出现异常升高，或心率超出正常范围时，系统会立即发出预警信息，提示养殖人员及时关注肉牛的健康状况，为疾病的早期诊断和治疗争取宝贵时间。

环境监测与调控系统也在贵州山区的牛舍中得到广泛应用。温湿度传感器、氨气传感器、硫化氢传感器等各类环境监测设备被部署在牛舍的各个关键位置，它们如同牛舍的“环境卫士”，24 h 不间断地监测牛舍内的温度、湿度、空气质量等环境参数。一旦环境参数偏离设定的适宜范围，系统会自动启动相应的调控设备。当温度过高时，自动通风系统和喷淋降温设备会立即开启，为牛舍通风换气并降低温度；当湿度过低时，自动加湿设备会开始工作，增加空气湿度，为肉牛创造一个舒适、健康的生长环境。

自动喂料和饮水系统的引入，极大地提高了养殖效率和饲料利用率。自动喂料系统通过精准的称重和计量装置，能够根据肉牛的生长阶段、体重、健康状况等因素，精确计算出每头牛的饲料投喂量，并按照设定的时间和频率进行自动投喂。在一些大型养殖场，自动喂料车会沿着设定的路线在牛舍中穿梭，将精准配比的饲料投喂到每个食槽中，避免了人工投喂可能出现的饲料浪费和投喂不均的问题。自动饮水系统则能保证肉牛随时都能饮用清洁、卫生的水，通过水位传感器和自动补水装置，水槽中的水位始终保持在适宜的水平，确保肉牛的饮水需求得到满足。

此外，视频监控系统为养殖人员提供了远程实时监控的便利。高清摄像头被安装在牛舍的各个角落，养殖人员无论身处何地，只要通过手机或电脑连接到监控系统，就能清晰地看到牛舍内肉牛的活动情况、采食情况以及牛舍的整体环境状况。在夜间或恶劣天气条件下，摄像头的夜视功能和防护性能确保了监控的连续性和稳定性。通过视频监控，养殖人员不仅可以及时发现肉牛的异常行为，还能对牛舍的安全状况进行实时监控，有效预防盗窃和其他安全事故的发生。

（二）应用现状

黄平县在肉牛智慧养殖方面进行了积极且卓有成效的探索。当地政府与企业紧密合作，大力推动智慧养殖技术在肉牛产业中的应用。在多个养殖场中，引入了先进的智能养殖管理平台。该平台整合了多种智能设备采集的数据，实现了对肉牛养殖全过程的数字化管理。通过智能耳标和传感器，平台实时收集肉牛的生理数据、行为数据以及牛舍的环境数据，并运用大数据分析技术对这些数据进行深入挖掘和分析。基于数据分析结果，平台能够为养殖户提供精准的养殖决策建议。在饲料管理方面，根据肉牛的生长阶段和实时体重，平台会精确计算出每日所需的饲料量和营养配比，指导养殖户进行科学投喂，有效提高了饲料利用率，降低了养殖成本。在疫病防控方面，平台通过对肉牛生理数据的实时监测，能够及时发现潜在的健康问题，并发出预警信息。一旦监测到某头肉牛的体温连续升高，平台会立即提醒养殖户对该肉牛进行进一步检查和诊断，同时提供相应的疫病防控措施建议，帮助养殖户及时采取措施，防止疫病的扩散和蔓延。黄平县的智慧养殖模式取得了显著的成效。肉牛的生长速度明显加快，平均出栏周期缩短了 1 ～ 2 个月，这意味着养殖户能够更快地实现资金回笼，提高了养殖效益。由于精准的饲养管理和及时的疫病防控，肉牛的发病率显著降低，死亡率控制在了较低水平，减少了养殖户的经济损失。通过智慧养殖模式生产出的牛肉品质得到了提升，在市场上更具竞争力，能够为养殖户带来更高的销售价格。

凤冈县的智慧养殖实践同样亮点纷呈。中国移动贵州公司与凤冈县花坪街道东山村爱心家庭农场合作搭建的山地特色智慧肉牛养殖平台，成为当地智慧养殖的典范。该平台借助 5G 技术的高速率、低延迟特性，实现了养殖数据的实时传输和远程控制。农场内安装的 AI 智能摄像头和环境传感器，全方位采集肉牛的活动信息和牛舍的环境参数。养殖人员通过手机即可随时随地查看牛圈的实时情况，了解肉牛的生长环境和活动状态。

平台还运用大数据建模技术，对温度、湿度、甲烷浓度、氨气浓度等环境数据进行分析，为农场优化饲养方案提供科学依据。当发现牛舍内氨气浓度过高时，平台会自动启动通风设备，改善空气质量，为肉牛创造良好的生长环境。在销售环节，该平台实现了肉牛饲养、销售的一体化管理。通过建立肉牛信息追溯系统，消费者可以通过扫描牛肉产品上的二维码，获取肉牛的品种、养殖环境、饲养过程、疫病防控等详细信息，实现了从农场到餐桌的全程追溯，极大地提升了消费者对牛肉产品的信任度。这一创新举措不仅拓宽了销售渠道，还提高了产品附加值，为农场带来了更多的经济效益。据农场负责人介绍，使用智慧养殖平台后，农场的肉牛销售额逐年增长，利润空间得到了有效扩大，同时也吸引了更多的消费者关注和购买凤冈的优质牛肉产品。

（三）关键技术应用

1. 物联网技术在养殖环境监测与控制中的应用

物联网技术是实现贵州山区肉牛智慧养殖的基石，通过各类传感器和智能设备的协同工作，对牛舍环境进行全方位、实时的监测与精准控制。在牛舍的各个关键位置，如屋顶、墙壁、食槽附近等，部署着多种类型的传感器，它们如同牛舍的“神经末梢”，敏锐地感知着周围环境的变化。温度传感器时刻监测着牛舍内的气温，确保其始终处于肉牛生长的适宜范围，在夏季高温时段，若温度传感器检测到牛舍内温度达到 30℃，自动喷淋系统会立即启动，细密的水珠喷洒在牛舍内，通过水分的蒸发带走热量，降低牛舍温度；同时，大功率的通风设备也会全力运转，加速空气流通，将闷热的空气排出牛舍，引入新鲜空气。

湿度传感器同样发挥着重要作用，它密切关注着牛舍内的湿度情况。当湿度传感器检测到湿度高于 70% 时，自动除湿设备会启动，通过冷凝或吸附的方式去除空气中多余的水分；若湿度低于 60%，自动加湿装置会开始工作，向空气中释放适量的水汽，维持湿度平衡。

空气质量传感器则专注于监测牛舍内氨气、硫化氢等有害气体的浓度。这些有害气体主要来源于肉牛的粪便和尿液，若浓度过高，会严重影响肉牛的呼吸健康，降低其免疫力。氨气传感器一旦检测到氨气浓度超过20 mg/kg，系统会立即启动通风设备，加大通风量，将有害气体排出牛舍，确保空气质量符合肉牛生长的要求。

此外，物联网技术还通过智能设备实现了对牛舍光照、通风、饮水等系统的自动化控制。光照对于肉牛的生长发育和繁殖具有重要影响，智能光照系统可以根据肉牛的生长阶段和生理需求，自动调节光照强度和时间。在育肥阶段，适当增加光照时间可以促进肉牛的食欲和生长；在繁殖期，合理的光照条件有助于提高母牛的发情率和受胎率。通过安装在牛舍顶部的光照传感器，系统能够实时感知外界光照强度的变化，并自动调整牛舍内的灯光亮度和开启时间。

物联网技术还实现了对肉牛饮水系统的智能管理。通过安装在水槽上的水位传感器和水质传感器，系统可以实时监测水槽中的水位和水质情况。当水位低于设定值时，自动补水装置会迅速启动，为肉牛提供充足的清洁饮水；若水质传感器检测到水质变差，如水中含有过多的杂质、细菌或有害物质，系统会自动启动水质净化设备，对饮水进行过滤和消毒处理，确保肉牛饮用的水安全、卫生。

2. 大数据分析在养殖决策中的作用

在养殖规划方面，大数据分析发挥着重要的指导作用。通过对历年养殖数据的分析，包括肉牛的生长速度、饲料转化率、疫病发生情况等，结合当地的气候条件、饲料资源等因素，可以优化养殖规模和养殖周期。如果数据分析显示在某一特定时间段内，当地的饲料供应充足且价格相对较低，同时气候条件适宜肉牛生长，那么可以适当扩大养殖规模，提高养殖效益。根据大数据分析结果，合理安排肉牛的出栏时间，避免在市场供过于求时集中出栏，导致价格下跌，从而实现养殖收益的最大化。

饲料配方的优化是大数据分析在养殖决策中的又一重要应用。不同生长阶段的肉牛对营养的需求各不相同，通过收集肉牛的体重、体况、采食行为等数据，运用大数据分析技术，可以精准计算出每头肉牛在不同生长阶段所需的营养成分和饲料量。在肉牛的育肥阶段，大数据分析发现肉牛对蛋白质和能量的需求较高，此时可以根据分析结果调整饲料配方，增加豆粕、玉米等富含蛋白质和能量的饲料原料比例，同时合理搭配其他营养成分，如矿物质、维生素等，确保肉牛获得全面、均衡的营养。这样不仅可以提高饲料的利用率，降低饲料成本，还能促进肉牛的快速生长，提高肉质品质。

疾病防治是肉牛养殖过程中的关键环节，大数据分析在这方面也发挥着重要的预警和决策支持作用。通过整合肉牛的体温、心率、呼吸频率等生理数据，以及牛舍的环境数据、饲料投喂数据等信息，大数据分析系统可以建立疫病预测模型。当系统监测到某些数据出现异常变化，如肉牛体温连续升高、采食量明显下降，同时结合牛舍内的湿度、空气质量等环境因素，模型能够预测出肉牛可能感染的疾病类型，并及时发出预警信息。养殖户可以根据预警信息，提前采取相应的防控措施，如加强疫苗接种、调整养殖环境、对病牛进行隔离治疗等，有效降低疫病的发生风险和传播范围，减少养殖损失。

大数据分析还可以为肉牛的繁殖管理提供科学依据。通过分析母牛的发情周期、配种记录、受孕情况等数据，可以预测母牛的发情时间，提高配种成功率。利用大数据分析技术筛选出具有优良繁殖性能的种牛，优化种牛的选配方案，从而提高牛群的整体繁殖质量和生产性能。通过对繁殖数据的长期跟踪和分析，还可以发现繁殖过程中存在的问题和潜在风险，及时调整繁殖管理策略，确保牛群的稳定繁殖和持续发展。

3. 人工智能技术在牛只健康监测与行为分析中的应用

在牛只健康监测方面，人工智能利用图像识别技术对肉牛的体表特征进行分析，能够快速发现牛只的异常情况。通过安装在牛舍内的高清摄像头，实时采集肉牛的图像信息，人工智能算法可以对肉牛的毛色、体态、精神状态等进行识别和分析。如果发现某头肉牛的毛色失去光泽、出现脱毛现象，或者体态消瘦、站立不稳，系统会立即发出预警，提示养殖户关注该肉牛的健康状况。人工智能还可以通过分析肉牛的面部表情和眼神，判断其是否处于疼痛、不适或应激状态，为早期疾病诊断提供重要线索。

基于传感器数据的人工智能分析也是牛只健康监测的重要手段。智能耳标、项圈等设备能够实时采集肉牛的体温、心率、呼吸频率、运动量等生理数据，这些数据通过无线传输技术发送到人工智能分析系统。人工智能算法对这些数据进行实时分析，建立肉牛的健康模型。当肉牛的生理数据偏离正常范围时，系统会自动发出预警信息。当监测到某头肉牛的体温持续高于 39.5 ℃（肉牛正常体温范围为 38～39.5 ℃），且心率加快、呼吸频率异常时，系统会判断该肉牛可能患有发热性疾病，并及时通知养殖户进行进一步检查和诊断。

反刍行为是肉牛消化过程中的重要环节，人工智能通过监测肉牛的反刍时间、反刍次数和反刍节奏等参数，能够判断肉牛的消化功能是否正常。反刍时间减少、反刍次数降低或反刍节奏紊乱，可能是肉牛消化系统出现问题的信号，养殖户可以据此采取相应的措施，如调整饲料结构、添加消化助剂等，保障肉牛的消化健康。

4. 5G 通信技术对养殖数据传输与远程管理的支持

5G 通信技术以其高速率、低延迟、大连接的特性，为贵州山区肉牛智慧养殖的数据传输与远程管理提供了坚实的保障，极大地提升了养殖管理的效率和便捷性。在贵州山区复杂的地理环境中，传统的通信技术在数据传输方面存在诸多局限，而 5G 技术的出现则彻底打破了这些瓶颈。

在养殖数据传输方面，5G 的高速率使得海量的养殖数据能够在瞬间完成传输。牛舍内众多的传感器，如温度传感器、湿度传感器、氨气传感器、智能耳标等，每时每刻都在采集大量的环境数据和牛只生理数据。这些数据需要及时、准确地传输到养殖管理系统的云端服务器进行存储和分析。以一个中等规模的肉牛养殖场为例，每天产生的数据量可达数 GB 甚至更多。在 5G 网络环境下，这些数据能够以极快的速度上传至云端，几乎实现了数据的实时同步。相比之下，4G 网络的传输速度相对较慢，数据传输可能会出现延迟，导致养殖管理人员无法及时获取最新的养殖信息，影响决策的及时性和准确性。

在远程管理方面，5G 技术为养殖人员提供了更加便捷、高效的管理方式。无论养殖人员身处何地，只要有5G网络覆盖，就可以通过手机、电脑等终端设备实时查看牛舍内的情况。借助高清摄像头和5G网络的高速传输，养殖人员可以清晰地看到肉牛的活动状态、采食情况以及牛舍的整体环境。在外出期间，养殖人员可以随时随地通过手机App查看肉牛的实时数据，如体温、心率、运动量等，及时掌握牛只的健康状况。一旦发现异常情况，养殖人员可以通过远程控制功能，立即对相关设备进行调整或采取相应的措施。当发现牛舍内温度过高时，养殖人员可以通过手机远程启动喷淋降温系统和通风设备，为牛舍降温，确保肉牛的舒适生长环境。

参考文献

references

邓庆生，2010. 贵州现代肉牛产业发展一本通 [M]. 北京：电子工业出版社 .

贵州省饲料工业办公室，1993. 贵州省配合饲料资源 [M]. 贵阳：贵州科技出版社 .

郭妮妮，熊家军，2017. 肉牛快速育肥与疾病防治 [M]. 北京：机械工业出版社 .

刘境，2020. 贵州山区肉牛标准化养殖技术 [M]. 北京：中国农业大学出版社 .

王锋，2003. 肉牛绿色养殖新技术 [M]. 北京：中国农业出版社 .

魏凤仙，2014. 肉牛标准化安全养殖关键技术 [M]. 郑州：中原农民出版社 .

魏刚才，王岩保，2015. 高效养肉牛 [M]. 北京：机械工业出版社 .

余雄，2013. 标准化规模肉牛养殖技术 [M]. 北京：化学工业出版社 .